CLAUS M. SCHMIDT

Hunde für Klugscheißer

Populäre Irrtümer und andere Wahrheiten

KLARTEXT

Bibliografische Information der Deutschen Nationalbibliothek
Die Deutsche Nationalbibliothek verzeichnet diese Publikation in der Deutschen Nationalbibliografie; detaillierte bibliografische Daten sind im Internet über http://dnb.dnb.de abrufbar.

IMPRESSUM

1. Auflage Oktober 2019
Layout und Satz: Ina Zimmermann
Redaktion: Stefanie Döring
Umschlagfotos: animal.press; Fondation Barry CH/animal.press;
Universität Tokio; Matt Writtle/barcroftmedia/animal.press,
Adobe Stock: ©fotowebbox, ©grafikplusfoto, ©jagodka, ©Alex T., ©by-studio
Druck und Bindung: Griebsch & Rochol Druck GmbH,
Gabelsbergerstraße 1, D-59069 Hamm

ISBN 978-3-8375-2135-1

KLARTEXT

Jakob Funke Medien Beteiligungs GmbH & Co. KG
Jakob-Funke-Platz 1, 45127 Essen
info@klartext-verlag.de, www.klartext-verlag.de

Inhalt

4 Der Autor
5 Zum Geleit
6 500 Rassen, unendlich viele Mischlinge
8 Die beliebtesten Rassen
10 Die Hundesteuer ist für Hunde da
12 In Zahlen
13 Die beliebtesten Hundenamen
14 Ein Stammbaum für Mischlinge
15 Hunde, die bellen, beißen nicht
16 Hundesprache
20 Schlau wie ein Kleinkind
21 Doppelter Schleudergang
22 Die ersten 100 Tage im Leben eines Hundes
25 Rekord-trächtig
26 Junge Hunde genießen Welpenschutz
27 Ein Menschenjahr sind 7 Hundejahre
28 Bei der Geburt sind alle Dalmatiner weiß
29 Der Hund stammt vom Wolf ab
30 Einsteins und Vollpfosten auf vier Pfoten
31 Rekord: Der klügste Hund der Welt
32 Die zehn besten Tipps, wenn der Hund pupst
36 Vom Rattenfänger zum Promi-Hund
37 Der kleine Unterschied beim Wasserlassen
38 Das Staubsauger-Prinzip
39 Die Länge macht den Unterschied
40 Wie Japan die Hunde für Erbeben rüstet
42 Warum Amerika seine Hunde aufrüstet
43 Dackelpower gegen Unistress
45 Wer hinten wedelt, kann vorne nur nett sein
46 Hunde „im Dienst"
50 Hundeschlaf nach Maß
52 Die Hunde-Selbstmordbrücke
53 Blutspende für Hunde
54 Bernhardiner im Rettungsdienst
55 Dicke Hunde
56 Globuli für Tiere
57 Flöhe springen von Hund zu Hund
58 Impfen ist gefährlich
59 Der Mikrochip
60 Hundekekse selbst gebacken
64 Hunde-Filmstars
68 Helden und Legenden
72 Anubis – Gott in Hundegestalt
74 Von Ägypten nach Ibiza ...
76 Hunde als Musen
80 Von Hundefreund zu Hundefreund
81 Rekord: Freddy, der größte Hund der Welt
82 Ein tierischer Fall von Benjamin Button
83 Hundestrände an Nord- und Ostsee
86 Pudel sind verwöhnte Schickimicki-Hunde
88 Die beliebtesten Hundesportarten
90 Dog Frisbee
92 Das Geheimnis des Dackelblicks
94 Das Klugscheißer-Quiz
98 Hunde. Eine Zeitreise
102 Was andere über Hunde sagen
103 Bildnachweis

Der Autor

Claus M. Schmidt ist aufgewachsen mit Hunden und studierte Zoologie und Verhaltensforschung. Auch in seiner auf Tiere spezialisierten Medienagentur animal.press lässt den ehemaligen Chefredakteur von „Ein Herz für Tiere“ und „BBC Wildlife“ das Thema nicht los. Über sein Leben mit Hunden erschien 2018 das Buch „Wunderbare Hundejahre“.

Claus Schmidt
animal.press

Zum Geleit

Pantoffeln schmecken immer …

Ein Bild voller Symbolik: Unser Dackel Hugo liegt auf dem Teppich inmitten von Papierfetzen. Sein herausfordernder Blick zeigt, dass er zum Spielen aufgelegt ist. Wir hätten wohl versuchen sollen, ihm das Buch, mit dem er sich so intensiv beschäftigt, abzunehmen. Dann hätten wir damit ein Tauziehen veranstaltet oder er wäre mit den Rudimenten zwischen sein Milchzähnchen davon gepeest. Der Titel des Buchs war mit etwas Phantasie noch zu entziffern: „Die neue Hundeschule – Erziehung leicht gemacht."

Hugo war nicht der erste Hund in unserer Familie. Aber der erste Dackel – und ehrlich gesagt der Grund für die Anschaffung des Ratgebers. Seine Aktion zeigte uns deutlich, was er von Erziehung hielt.

Gute Ratschläge zur Hundeerziehung gibt es inzwischen wohl fast so viele wie Diättipps für Menschen. Wer sich tatsächlich an eine Diät hält, der wird an Gewicht verlieren. Wer eine Hundeschule besucht, der wird feststellen, dass unerwünschtes Verhalten seines Tiers abgestellt werden kann. Allerdings gibt's bei Diäten und bei der Erziehung einen Jojo-Effekt. Will heißen: ein paar lockere Tage und das Hüftgold ist wieder da. Am Appetit hat die Diät nichts ändern können. Genauso verhält es sich mit der Hunde-Erziehung: raus aus der Hundeschule – und wenn keiner hinschaut, macht das eben noch so folgsame Hündchen natürlich wieder, was es will.

Die Pantoffeln haben ihren Geschmack nicht verloren (es sei denn, man imprägniert sie heimtückisch mit Chillies, aber das haben Sie bitte nicht von mir).

Hier nun also ein Hundebuch ohne Erziehungstipps und ohne Jojo-Effekt! Dafür dürfen Sie sich auf Themen und Fakten freuen, die sich in den Arealen für unnützes Wissen einnisten: ein Blick auf Helden, Legenden, Rekordjäger, witzige und bewegende Ereignisse aus dem wahren Hundeleben.

Hier können nicht nur Klugscheißer dazu lernen.

Lassen Sie sich überraschen!

Aha

500 Rassen, unendlich viele Mischlinge

Von A wie Affenpinscher bis Z wie Zwergspitz sind rund 500 Hunderassen vom FCI (Federation Cynologique Internationale), dem Kynologischen Weltverband, anerkannt.

Der deutsche Zweig VDH (Verband für das Deutsche Hundewesen) ist mit 650.000 Mitgliedern der größte Landesverband.
Er registriert Züchter, regelt die Zucht im Hinblick auf Gesundheit und Tierschutz, berät in Hundefragen, organisiert Hundesport und Ausstellungen: www.vdh.de.
Der VDH veröffentlich auch die jährliche Welpenstatistik*.

Labrador Senior Alex

Mops Hilde

* Stand 2017: Obwohl im Straßenbild nicht so häufig, ist der Schäferhund mit fast 10.000 Welpen im Jahr unangefochten die Nummer 1, weil er als Diensthund von Polizei, Zoll, Bundeswehr, Hilfs- und Rettungsorganisationen gebraucht wird.

Basenji Fiji

Bedlington Nancy

Australian Shepherd Fanta

Weimaraner Wolfi

Afghane Faqir

Zwergschnauzer Chika

Bracco Italiano Platon

Aha

Die beliebtesten Rassen

1 Deutscher Schäferhund

2 Dackel

3 Deutsch Drahthaar

4 Labrador Retriever

5 Golden Retriever

Goldendoodle

Nicht aufgeführt, aber zahlenmäßig am stärksten vertreten sind die Mischlinge. Zunehmend mehr Hunde in Deutschland stammen als Tierschutzfälle aus dem Mittelmeerraum.

Unübersehbar im Kommen, aber nicht systematisch erfasst und vom VDH noch kritisch betrachtet sind die sogenannten Designerhunde: Neuzüchtungen aus verschiedenen Rassen wie z.B. Goldendoodle oder Labradoodle, die aus der Mischung zwischen Golden Retriever und Pudel oder Labrador Retriever und Pudel entstanden sind.

Australian Labradoodle

Populärer Irrtum

Die Hundesteuer ist für Hunde da

Der Ehrliche ist der Dumme bei der Hundesteuer. 20 bis 30 Prozent der rund 10 Millionen Halter in Deutschland zahlen sie einfach nicht und sparen sich so jährlich um die 100 Millionen Euro. Nicht nur gefühlt geht uns das gegen den Strich – auch juristisch ist der Grundsatz der Steuergerechtigkeit nicht gewahrt, wenn sie nicht für alle gilt. Es kann auch keiner erklären, warum sie in verschiedenen Städten unterschiedlich hoch ausfällt.
Und: Ist es gerecht, dass Katzen nicht besteuert werden?
Fast die Hälfte der Zahler ist der Ansicht, dass die rund 300 Millionen Euro, die Gemeinden mit der Hundesteuer einnehmen, der Reinigung dient. Was allerdings nicht stimmt. Verständlich wäre es, wenn die Einnahmen dem Tierschutz oder dem örtlichen Tierheim zu Gute kämen. Aber davon ist keine Rede. Die Gemeinden geben es für andere Dinge aus.
Unverständlich und alles andere als gerecht sind auch die unterschiedlichen Tarife.
Warum beträgt die jährliche Hundesteuer in den teuersten Städten Essen und Köln 156 €, während man im bayerischen Passau lediglich 30 € für die Steuermarke zahlt?

Weil es so viele Unstimmigkeiten und so wenig Sinn in der Hundesteuer gibt, haben sie fast alle europäischen Länder inzwischen abgeschafft. Im hundefreundlichen Holland können Gemeinden sie noch erheben – müssen aber nicht. Nur Luxemburg, Deutschland und Österreich halten noch an der Hundesteuer fest.

1) Beispiele aus unserer Umfrage zur Höhe der Hundesteuer für den ersten Hund in den gezeigten Städten und Gemeinden. Steuer pro Jahr auf volle Euro gerundet.
* Geändert am 15.4.2015.

Stand: März 2015

Aha

In Zahlen

Hunde und andere Haustiere

Jeder zweite Haushalt in Deutschland hält Tiere. Spitzenreiter mit **13,5 Millionen** Köpfen in **22 %** der Haushalte sind **KATZEN**, gefolgt von rund **10 Millionen*** Hunden, die in **19 %** der Haushalte leben.

Weltweit ist der **HUND** Haustier **Nummer 1**. Er gehört zu **33 %** aller Haushalte.

5 Milliarden Euro geben wir jährlich für Hunde aus: **60 Euro** pro Monat kostet die Ernährung für kleine Hunde wie Yorkshire Terrier, **120 Euro** pro Monat verschlingt ein Labrador Retriever.

Auf **35 000 Euro** summieren sich alle Kosten (Futter, Zubehör, Tierarzt etc.) im Lauf eines Hundelebens für kleinformatige Tiere. Die Klasse langlebiger Schwergewichte bringt es auch schon mal auf **45 000 Euro**.

* Die Angaben variieren je nach Quelle von 9 bis 11,5 Millionen

Die beliebtesten Hundenamen

Als der kluge Polizeihund der TV Serie „Kommissar Rex" in den Jahren 1994 bis 2004 Verbrecher zur Strecke brachte und in den Dienstpausen vom Leberkäs naschte, waren Rex, Bello, Hasso und Hexe durchaus noch gebräuchliche Hundenamen.

Das hat sich inzwischen geändert. Unsere Hunde tragen jetzt überwiegend ganz normale Menschennamen* und gehören damit nach Ansicht von Soziologen mehr zur Familie:

Hündinnen	Rüden
1. Luna	Balu
2. Emma	Sammy
3. Amy	Sam
4. Bella	Rocky
5. Kira	Lucky
6. Lilly	Buddy
7. Lucy	Charly
8. Nala	Max
9. Paula	Paul
10. Mia	Bruno

* Statistik von: www.welpenclub.com

Aha

Wer hätte das gedacht? Unter Dustys Vorfahren finden sich auch Yorkies und Chihuahuas. (Hier Dusty mit ihrem Freund Noah)

Ein Stammbaum für Mischlinge

Welche Rassen stecken eigentlich in meinem Mischlingshund? Eine interessante Frage für viele Hundebesitzer, denn immerhin sind die meisten unserer Bellos Mischlinge. Eine DNA-Analyse mit einfacher Speichelprobe kann das jetzt per Post klären. Bei der Tierheim-Hündin Dusty gab es eine handfeste Überraschung, die zu allerlei Überlegungen Anlass gibt: Außer Dogge und Schäferhund, was zu erwarten war, fanden sich auch ein Yorkie und ein Chihuahua unter ihren Vorfahren. Aber wie um alles in der Welt paart sich ein Yorkie mit einer Dogge?

CanisMIX

Abstammungszertifikat

Name: DUSTY
Geburtsdatum: 27.04.2000
Zertifikatsnummer: HUN0657

DNA-Testergebnis:

Kategorie 1:
Kategorie 2:
Kategorie 3: Chihuahua; Deutsche Dogge
Kategorie 4: Collie; Rottweiler; Yorkshire Terrier
Kategorie 5: Deutscher Schäferhund

AniDom Diagnostics

Populärer Irrtum

Hunde, die bellen, beißen nicht

Dieser Spruch gehört zu den Volksweisheiten, denen man besser nicht glaubt. Bellende Hunde beißen sehr wohl. Man sollte schon fein hinhören. Es ist kaum brenzlig, wenn ein Hund aus 1. Angst, 2. Nervosität, 3. Frust bellt oder um 4. die Aufmerksamkeit auf sich zu lenken. Das Bellen zur Abwehr und Verteidigung kann allerdings ernst gemeint sein. Über diese 5. Bellvariante geben sie dem Gegenüber verlässliche Informationen über ihre Stimmung, Stärke und Verfassung – und die Bereitschaft zum Zubeißen. Besonders, wenn das Bellen von tiefem Grollen begleitet wird, wenn die Lefzen gebleckt, die Ohren zurückgelegt sind und des Rückenfell gesträubt ist.

Aha EXTRA

Hundesprache

Was spricht der Hund?

Sitz, platz, aus, bei Fuß ... der Mensch hat eine Menge Kommandos, auf die sein Hund hört – oder wenigstens hören sollte. Im Lauf der langen Freundschaft hat Bello aber nicht nur zu hören gelernt. Er hat sich auch die Fähigkeit angeeignet, unsere Körpersprache, die nonverbalen Signale, so gut zu erfassen, dass wir glauben, er könne unsere Gedanken lesen. Höchste Zeit, dass auch Menschen anfangen, die Sprache der Hunde und ihre ausgesprochenen und unausgesprochenen Signale zu verstehen!

Der Dackelblick

Eine Fähigkeit, über die nicht nur Dackel verfügen: Der Mensch, der mit Essen beschäftigt ist oder der Zugang zu Essen hat, wird mit den Augen und einem traurigen Blick fixiert. Wir nennen das Betteln und mancher sagt: „Ein feiner Hund bettelt nicht!". Dem möchte man aber mit einem Zitat von Bertolt Brecht antworten: „Erst kommt das Fressen, dann die Moral." Der Dackelblick hat sich in der sehr langen gemeinsamen Geschichte von Mensch und Hund auf optimale Wirkung hin entwickelt.

(Zum Geheimnis des Dackelblicks siehe auch Seite 92/93)

Pfote geben

Aus unserer menschlichen Sicht ist das die Steigerung des Dackelblicks. In Kombination damit ist es wirklich unwiderstehlich. Die Geste berührt uns, weil sie so menschlich erscheint. Reicht uns der Hund doch sozusagen die Hand. Und weil die Wirkung gar so überwältigend ist, die Freude groß, verstärkt sich das Verhalten, das ja so gut ankommt. In Grundzügen stammt es aus dem Repertoire des Welpen. Als sogenannter Milchtritt hat es in seinen frühen Tagen den mütterlichen Milchfluss gefördert. Beim erwachsenen Hund wirkt es immer noch ganz ähnlich – doch statt Milch fördert der Anstoß dann eher Leckerli.

Komm, spiel mit mir!

Die Augen blitzen, der Mund wie zum Lachen leicht geöffnet, die Ohren stehen hoch und die Vorderbeine liegen in der ganzen Länge in leichter V-Form auf dem Boden, während die Hinterbeine zur Hocke angewinkelt bleiben: Das ist die eindeutige Aufforderung eines Hundes zum Spielen. Ist kein anderer Hund da und hat der Mensch Lust, mit seinem Hund zu spielen, funktioniert die Aufforderung auch vom Zweibeiner zum Vierbeiner. Hocken oder knien Sie sich hin, schlagen sie mit den Händen flach auf den Boden – Ihr Hund wird aus dem Häuschen sein!

Keinen Schritt weiter!

Der Kopf gesenkt, die Zähne gefletscht, die Ohren zurückgelegt ... schon Charles Darwin hatte festgestellt, dass diese Signale in Kombination mit Knurren von Hunden und vielen anderen Säugetieren als Drohung eingesetzt werden. Schimpfen oder drohen ist dann ebenso wenig eine Lösung wie flüchten. Am klügsten ist es in solchen Situationen, den Hund einfach zu ignorieren. Wenn man ihn nicht ansieht, sich normal unterhält, sich ein wenig zur Seite dreht, grollt er ins Leere und die Luft ist raus.

Jaulen und Heulen

Wenn seine Menschen den Hund verlassen – ganz gleich ob für eine Besorgung oder eine längere Reise – in den meisten Fällen äußert der Hund nach der Trennung ein mehr oder weniger lautes und mehr oder weniger intensives Jaulen. Da die Äußerung bei Trennungssituationen mit Spielkumpanen kaum einmal zu vernehmen ist, dürfte es sich um ein Verhalten handeln, das der Bindung innerhalb der Familie dient.

Erheblich fröhlicher klingt da schon das Heulen. Es lässt sich relativ leicht auslösen, indem man seinem Hund einfach etwas vorheult. Er wird den Kopf heben und in die Höhe strecken wie ein Wolf, mit Begeisterung einstimmen und total aufgekratzt sein. Heulen gilt als archaisches Erbe aus der gemeinsamen Stammform von Hund und Wolf. In der Natur können Mitglieder einer Familie über größere Entfernungen Kontakt miteinander halten und einander wieder finden.

Aha

Schlau wie ein Kleinkind

Hunde können Menschenworte auf Anhieb erlernen. Forscher haben herausgefunden, dass einmal gehörte Worte bei klugen Hunden dauerhaft im Gedächtnis bleiben und auch nach langer Zeit verstanden werden. Die erstaunliche Leistung des Testhundes vergleichen die Wissenschaftler mit dem Lernvermögen eines dreijährigen Menschenkindes.

Doppelter Schleudergang

Die meisten Hunde durchlaufen nach einem Bad zwei Schleudergänge: Wenn Sie genau hinsehen, werden Sie feststellen, dass ein nasser Hund zuerst Kopf, Hals und Brust trocken schleudert, um im zweiten Gang allein das hintere Ende zu schütteln.

Aha EXTRA

Die ersten 100 Tage im Leben eines Hundes

Kuscheln ist das A und O der ersten Lebenstage. Noch klappt der innere Thermostat, die Wärmeregulierung der blinden und nackten Welpen nicht von selbst. Wie Wärmflaschen hält einer den anderen warm.
Um den 21. Lebenstag dürfen Welpen zum zweiten Mal Geburtstag feiern. Jetzt erblicken sie das Licht der Welt. Die Augen öffnen sich.
Auch hinter den Augen blitzt es jetzt heller. Forscher, die mit einem EEG (Elekroencephalographen) die Hirnströme der Welpen

aufzeichneten, stellten fest, dass die Hirntätigkeit von anfangs Null nach drei Wochen einen Höhepunkt erreicht.
Auch das Gehör nimmt nun seine Arbeit auf, und täglich wird es feiner. Instinktiv geht die Hundemutter darauf ein und spricht die Welpen nun auch akustisch mit Bellen und Winseln an.
Vielleicht ist es die Freude über die neu gewonnenen Fähigkeiten – etwa im Alter von drei Wochen fangen die meisten Welpen auch an zu wedeln. Allerdings gibt es hier große Unterschiede zwischen den Rassen. Cocker, Beagles und Foxterrier zum Beispiel wedeln oft schon mit 10 Tagen.
Und weil das Schwanzwedeln auch ein Signal an die soziale Umwelt ist, zeigt der Welpe damit, dass er kontaktbereit und in seine erste Phase der Sozialisierung eingetreten ist. Weil diese Phase zu den „sensiblen" Lebensabschnitten gehört, in denen das Verhältnis zu Artgenossen für ein ganzes Leben festgelegt wird, sprechen Verhaltensforscher von einer Prägungsphase.

Mit Mutter und Geschwistern nimmt der Welpe nun erstmals auch spielerischen Kontakt auf. In diesem Alter macht er keine Unterschiede zwischen Menschen und seinen Artgenossen. Ein schlauer Züchter beschäftigt sich in dieser fünften Lebenswoche intensiv mit den Welpen und mogelt sich so mitten ins Familienleben ein. Künftige Hundehalter tun gut daran, Züchter und Welpen schon vor der siebten Lebenswoche zu besuchen und sich mit ihnen bekannt zu machen. Denn in der achten Woche setzt eine tiefgreifende Veränderung ein, die das Kennenlernen erschwert: Bis dahin reagieren die Welpen auf jedermann gleich freundlich. Doch jetzt zeigen sie auf einmal Furcht vor Unbekannten. Ähnlich geht es ja auch Menschenkindern, wenn sie anfangen zu „fremdeln".
Auch bei der Hundemutter hat sich in der achten Welpenwoche einiges verändert. So ist nicht nur ihr Milchvorrat, sondern auch ihre Engelsgeduld im Umgang mit den lieben Kleinen erschöpft. Mit Knurren behauptet sie nun ihr Recht auf Ruhepausen. Die Trennungsphase ist eingeleitet. Ein guter Zeitpunkt, den Hund vom Züchter zum endgültigen Halter zu übergeben.
100 Tage nachdem sich die Augen erstmals geöffnet haben, gilt die psychische Entwicklung des Hundes als weitgehend abgeschlossen.

Aha

Rekord-trächtig: 15 Welpen auf einen Streich

Zehn Stunden Wehen – aber dann war die Irish Setter-Hündin Romy (3) aus dem englischen Coventry 15-fache glückliche Mutter. Ihre zehn Mädels und fünf Jungs wogen bei der Geburt zwischen 275 und 339 Gramm. „Mit 15 Welpen hatten wir wirklich nicht gerechnet“, sagt Frauchen Alicia. Auch von der Natur sind so viele Welpen offenbar nicht vorgesehen, denn sie hat unsere Hunde lediglich mit 10 Zitzen ausgestattet. So kommt es an der Milchbar zu mächtigem Gedrängel.
10 bis 12 Welpen sind für Setter die Regel.
Den aktuellen Weltrekord hält Setterdame „Anny“ aus Mecklenburg-Vorpommern mit 18 Welpen.

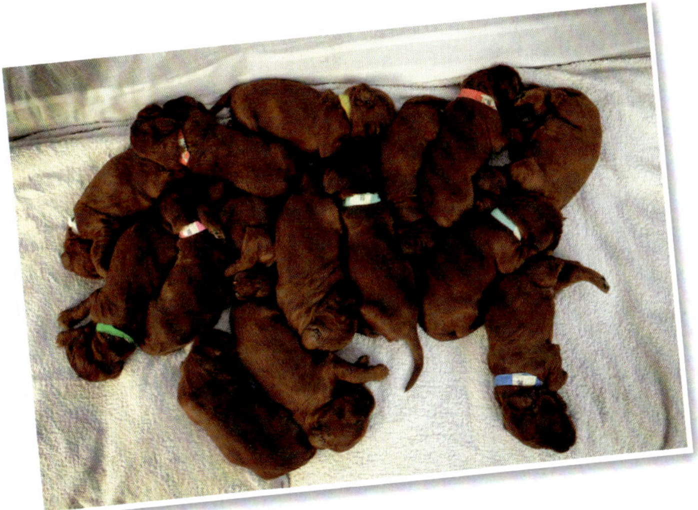

Populärer Irrtum

Junge Hunde genießen Welpenschutz

Ja, den Welpenschutz gibt es. Aber: Das gilt nur innerhalb der Familie. Da darf ein junger Hund sich wirklich alles herausnehmen.
Ein fremder Hund, der dem Kleinen beim Spaziergang begegnet, kann durchaus ruppig auf eine tapsige Annäherung reagieren und dem Welpen tatsächlich einen Schreck fürs Leben verpassen.

Ein Menschenjahr sind 7 Hundejahre

Wie alt ist mein Hund eigentlich? Weil nach allgemeiner Ansicht das Hundejahr anders zählt als unseres, rechnen viele das Lebensalter nach der Faustregel um: Ein Menschenjahr sind sieben Hundejahre. Falsch. Rechnen wir doch mal: Ein Hund von sieben Jahren wäre nach der Regel also im Menschenleben 49 Jahre alt. Das klingt noch irgendwie plausibel. Doch sehen wir weiter: Ein Dackel von 15 – und das ist heute bei guter Ernährung und Haltung keine Seltenheit, sondern eher die Regel – wäre nach Adam Riese stolze 105 Jahre alt. Ganz im Ernst: Haben Sie schon mal einen 105-jährigen gesehen, der Bällen und Stöckchen hinterher rennt und mit anderen Fangen spielt? Und kann ein siebenjähriges Menschenkind Kinder bekommen wie ein einjähriger Hund?

Hunde altern anders als Menschen und sie reifen erheblich schneller. Ein Hund im Alter von einem Jahr entspricht eher einem Teenager als einem Erst- oder Zweitklässler. Sechs Monate später ist der Hund voll ausgewachsen. Das ist bei Menschen erst im Alter von 20 Jahren der Fall. Gemessen am Entwicklungsstand wäre ein Hund von einem Jahr etwa 16 bis 18 Menschenjahre alt. Das dritte Halbjahr im Hundeleben entspricht etwa sechs Menschenjahren. Jetzt ist er voll erwachsen, bleibt wie er ist – bis die ersten grauen Haare im Bart zeigen, dass der Alterungsprozess beginnt.

Und auch hier lässt sich nicht so ohne weiteres ein Vergleich zwischen Zwei- und Vierbeinern anstellen. Denn während bei Menschen die natürliche Lebensspanne doch ziemlich einheitlich ist, so unterscheidet sie sich bei Hunden sehr stark in Abhängigkeit von der Rasse und der Größe. So erreichen Dackel und Pudel z.B. oft ein Alter von 15 Jahren und darüber, viele Terrier bringen es auf 13 Jahre, Boxer auf 9 bis 10. Doggen und andere Hunderiesen dagegen werden kaum älter als 8.

Entsprechend unterschiedlich müssten wir die Hundejahre berechnen. Nehmen wir die Kindheit und Jugend aus, die unsere Vierbeiner in einem ganz unvergleichlichen D-Zug-Tempo durcheilen, so entspräche ein Jahr im Menschenleben ganzen zehn Doggen-, aber nur fünf Dackeljahren.

Aha

Bei der Geburt sind alle Dalmatiner weiß

Dalmatiner-Welpen kommen ohne Punkte auf die Welt. Eigentlich ist die Hunderasse für ihre vielen Punkte bekannt – nicht zuletzt auch durch die Disney-Filme „101 Dalmatiner", in denen die Hundekinder wegen ihres auffälligen Fells sogar gejagt werden ... Doch bei der Geburt sind die Welpen am Körper schneeweiß und fleckenfrei. Die rassetypischen Tupfen entwickeln sich erst ab dem 10. Lebenstag und bleiben dann ein Leben lang auf dem rechten Fleck.

Populärer Irrtum

Der Hund stammt vom Wolf ab

Obwohl sie viele Gemeinsamkeiten haben: Canis lupus, der Wolf, ist nicht der Ahnherr von Canis lupus domesticus, unserem Haushund. Vielmehr haben Hunde und Wölfe in ihrem Stammbaum einen gemeinsamen Vorfahr. Doch seit mindestens 125 000 Jahren gehen die beiden Linien getrennte Wege. Manche Wissenschaftler verlegen die Ära des letzten gemeinsamen Ahnen gar auf 300 000 Jahre zurück. Ob vor oder nach Christus spielt hier keine große Rolle.

Einsteins und Vollpfosten auf vier Pfoten

Dr. Rosalind Arden hat einen Intelligenztest für Hunde entwickelt. Viele Herrchen und Frauchen, die schon lange wissen, dass ihr Hund einfach der klügste ist, hätten es mit dem IQ-Test endlich auch schwarz auf weiß.
Die 68 Teilnehmer an dem ersten großen IQ-Test hatten alle einen untadeligen gesunden Lebensstil, den man bei Menschen nicht so leicht findet. Arden, die sonst Intelligenz bei Menschen testet: „Keiner der Kandidaten raucht, trinkt, ist übergewichtig. Alle haben einen ähnlichen familiären Hintergrund, die gleiche Ausbildung." Und doch zeigten sich große Unterschiede von Hund zu Hund. Mancher löste die Aufgaben spielend, während andere versagten. Einer der „Klassenbesten", Border Collie „Spike", braucht im Eingangstest keine Sekunde, um zu sehen, dass im linken Teller ein Leckerli liegt, im Teller an der anderen Wand aber drei. Schwupps wendet sich der wedelnde Kandidat dem Teller zu, der mehr Fressen verspricht. Und die anderen 67 Border Collies im Test sehen das genauso.
Dann allerdings wird das Hundehirn mehr gefordert: Links elf, rechts zwölf Leckerli. Da müssen die Tiere schon grübeln und irgendwie zählen. Und da trennt sich die Spreu vom Weizen: Manche haben eine lange Leitung, andere lösen das Problem ruckzuck. Forscherin Arden: „Wer diese Aufgabe fix lösen konnte, der schnitt auch bei anderen Tests besser ab."

Die Hunde mussten sich in einem Labyrinth orientieren oder auf die Idee kommen, eine Kiste mit spannendem Inhalt per Seilzug zu öffnen. Manche probierten lange herum, andere ließen ihre Pfoten davon und sahen den Tester nur mit schief gelegtem Kopf an, als ob sie um Hilfe bitten würden. Wer aber anfangs schnell kalkulieren konnte, der hatte auch hier in wenigen Sekunden den Bogen raus. Wie bei Menschen schnitten auch die Hunde im IQ-Test höchst unterschiedlich ab.

Quelle: Rosalind Arden, London School of Economics, Mark James Adams, Universität Edinburgh: A general intelligence factor in dogs, Intelligence, 2016

Rekord: Der klügste Hund der Welt

Es ist unglaublich! Und weil es so unglaublich ist, haben richtige Wissenschaftler die phänomenalen Leistungen des Border Collie Chaser objektiv getestet: Hinter einem Sichtschutz sitzt der Prüfer und benennt eines von über 1 000 Spielzeugen, die auf einem Haufen liegen. Chaser hört nur seine Stimme, sieht nicht, wohin der Prüfer schaut. Und zielsicher bringt er genau den gefragten Gegenstand. 1022 Gegenstände hat Chaser inzwischen sicher drauf. Psychologe Dr. John Pilley: „Wir lernen jeden Tag dazu, und ich weiß nicht, ob seine Kapazität jemals erschöpft ist."

Aha EXTRA

Die 10 besten Tipps, wenn der Hund zu viel pupst

Fiese Gase aus dem Hintern des besten Freundes. Menschen fühlen sich von üblen Gerüchen abgestoßen – Hunde dagegen scheinen sie geradezu zu lieben: Sie schnuppern da, wo es uns am meisten stinkt. Abstellen lässt sich das nicht – aber man kann mit den richtigen Methoden die Frequenz und die Intensität auf ein erträgliches Maß reduzieren.

Naturtalente und Häppchen

1. Manche Hunde tendieren eher als andere zu Flatulenz, wie das Pupsen medizinisch korrekt heißt. Rassen wie Boxer, Bulldoggen, Möpse, Pekinesen und Mischlinge mit kurzen Schnauzen sind besonders produktiv. Es wird vermutet, dass sie beim Fressen auf der kurzen Passage von draußen in die Speiseröhre einfach mehr Luft verschlucken als längerköpfige Rassen. Ein probates Mittel gegen allzu viel verschluckte Luft sind kleinere Futterportionen.

Träge Hunde pupen mehr

2. Hunde sind ausgesprochene Fleischfresser. Ihre Zähne sind auf Packen, Schneiden, Reißen eingerichtet. So wird die Nahrung von den Kiefern eben nur so weit zerkleinert, dass sie in die Speiseröhre passt, von wo aus sie im sackförmigen Magen landet. Bei einem Hund mittlerer Größe hat der Nahrungsbrei von hier bis zum Ausgang etwa acht Meter Darm zurück zu legen. 15 bis 20 Stunden Darmpassage sind normal. Es gilt: Je kürzer die Verweildauer der

Nahrung im Darm, desto geringer die Gasbildung. Bewegung, soziales Spiel, Bällchen und Stöckchen fördern die Darmperistaltik und beschleunigen die Ausscheidung.

Klimaschädliche Kohlenhydrate

3. Unser menschliches Verdauungssystem kommt ja schon beim Anblick und dem Duft von Speisen in Gang. Und meldet sich mit der Produktion und der Ausschüttung von Verdauungssäften. Ganz ähnlich wie bei den berühmten Hunden des russischen Forschers Iwan Pawlow, bei denen der Speichel floss, sobald der Gong zum Essen läutete. Doch anders als bei uns enthält Hundespeichel keine Verdauungssekrete. Er dient als Gleitmittel. Während in unserem Speichel das Enzym Amylase Stärke bereits im Mund zu Zucker umwandelt, hat der Hund keine Enzyme zur Verarbeitung von Kohlenhydraten. Folglich verzögern sie die Darmpassage und gären. Was nach Entlastung schreit und dabei das Klima belastet.

Vorsicht Fette!

4. Das Verdauungssystem von Hunden ist auf die Verarbeitung von Fett nicht besonders gut eingerichtet. Denn die wilden Vorfahren lebten von magerem Wild. Tierische Fette im Überfluss gibt es eigentlich erst seit den Zeiten landwirtschaftlicher Intensivmast. Immer aber wenn der Darm besonders viel Arbeit hat, gärt es bei der Verdauung. Fett ist nicht auf Schweinefleisch beschränkt, wo es deutlich sichtbar ist. Vielmehr findet sich Fett unter und in der Haut bei Geflügel oder in Trockenfisch, der aufgrund seines Fischaromas übrigens zu den übelsten Hundepupsen überhaupt führt.

Fleisch für den Jäger

5. Auch wenn manche Züchtungen die wahre Natur verbergen können: Wie das Raubtiergebiss und der kurze Darm eindeutig zeigen, ist der Hund von der Natur her als Jäger geboren. Tierische Eiweiße sollten also den Großteil seiner Nahrung bilden.
Fleisch und Knochen sind übrigens die entscheidenden Auslöser für die Produktion der Magensäure. Die ist bei Hunden so aggressiv (ph 1 beim Hund, beim Menschen ph 4-5), dass sie nicht nur das Fleisch, sondern sogar auch Knochen auflöst. Derart vorbereitet durchläuft die Nahrung den Verdauungstrakt in kürzester Zeit. Mit entsprechend geringer Gasbildung.

Liegt es am Futter?

6. Ob Dosen- oder Trockenfutter – das ist bei vielen Hundehaltern eine Glaubensfrage. Doch welche Marke auch bevorzugt wird – es lohnt sich immer ein Blick auf die Deklaration der Inhaltsstoffe. Der Anteil an Proteinen sollte hoch sein – der an den schwerverdaulichen Stoffen wie Soja oder Getreide und an Fett gering.
Pottasche als Ballaststoff dagegen ist eher förderlich.

Wasser und kleine Portionen

7. Wasser fördert die Passage der Nahrung durch den Verdauungstrakt. Wassermangel kann sogar zu Verstopfung führen. Die wird in der Regel von heftigen Gas-Eruptionen begleitet. Daher sollte Trinken gefördert werden. Wasser muss für den Hund immer bereit stehen. Trockenfutter sollte bei einschlägig empfindlichen Hunden vor der Fütterung gründlich bis zur breiigen Konsistenz gewässert werden.

Menüwechsel Schritt für Schritt

8. Eine Nahrungsumstellung kann völlig genügen, aus einem bis dahin unauffälligen Hund eine höchst effektive Fabrik für Biogase zu machen. Eine neue Marke aus der Dose, die Umstellung bei einer Reise kann die Produktion ankurbeln. Tierärzte empfehlen deshalb die Umstellung der Nahrung in kleinen Schritten.

Folge von Medikamenten

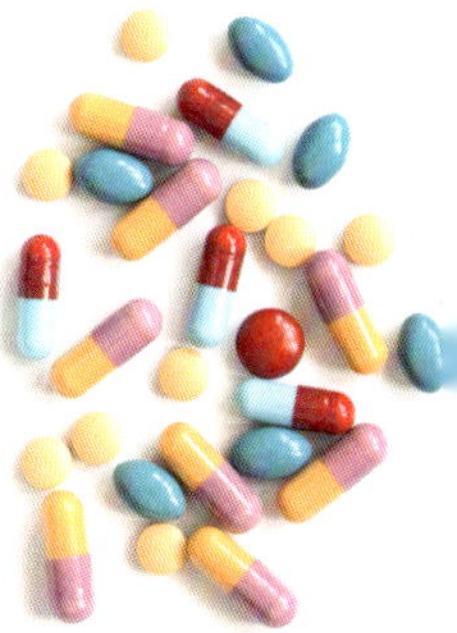

9. Medikamente, wie sie z.B. gegen Wurmbefall eingesetzt werden, stören die Verdauungsvorgänge empfindlich. Hinzu kommt die Belastung durch die Parasiten, die in der Regel nach ihrem Tod den Verdauungssäften ihres Wirts schutzlos ausgeliefert sind. Sie bilden damit – sozusagen persönlich – nicht nur den Teil einer Nahrungsumstellung – viel mehr enthalten verschiedene Würmer schädliche Inhaltsstoffe und solche, die in der Lage sind, Darmbewegungen zu steuern. Wegen der Medikamenten-Nebenwirkung empfiehlt sich eine Entwurmung bei Hunden also nicht prophylaktisch und wie früher meist gefordert in regelmäßigen Zeitabständen. Vielmehr sollte eine Wurmbehandlung nur erfolgen, wenn man tatsächlich Würmer im Kot feststellt.

Pupen behandeln

10. Flatulenz oder in der verschärften Form „Meteorismus“ kann Hinweis auf eine Erkrankung – zum Beispiel der Bauchspeicheldrüse – oder auf eine Vergiftung sein. Bei plötzlich auftretenden und unerklärlichen Blähungen des Hundes sollte deshalb ein Tierarzt aufgesucht werden, der der Sache auf den Grund geht und die Ursachen behandelt. Aber auch ohne eine zugrunde liegende Erkrankung lassen sich Blähungen bei Hunden oft durch eine gezielte Diät oder durch spezielle Medikamente auf ein erträgliches Maß reduzieren.

Aha

Vom Rattenfänger zum Promi-Hund

Yorkshire-Terrier, die schicken Lieblingshunde der Prominenz, waren einst die Hunde der allerärmsten Leute in England! In den Siedlungen der Bergarbeiter des englischen Bezirks Yorkshire wurden sie gehalten, um Ratten zu bekämpfen. Die winzigen Hundchen lebten von ihrer Beute und Abfällen und verursachten keine weiteren Kosten. Damit legten die Yorkies eine einzigartige Karriere vom Rattenfänger zum verwöhnten Statussymbol hin!

Der kleine Unterschied beim Wasserlassen

Warum wird Gras gelb, wenn eine Hündin dort ihr Wasser lässt, und warum bleibt es grün, wenn ein Rüde das gleiche tut?
Es liegt an der Menge: Hündinnen erleichtern sich mit einem Mal und produzieren eine große Pfütze. Männliche Hunde dagegen nutzen ihren Urin zur Reviermarkierung. In winzigen Portionen versuchen sie ihre persönliche Marke an möglichst viele Plätze zu setzen. Während bei der Hündin das Gras quasi ertrinkt, übersteht es die Tropfen des Rüden schadlos.

Staubsaugersystem: Luft geht vorne rein und seitlich raus

Das Staubsauger-Prinzip

Eines der letzten Rätsel der Hundenase ist gelöst: Die Seitenschlitze dienen zum Ausatmen. Im Auftrag der US-Army entwickeln Ingenieure der Technischen Universität Pennsylvania ein Gerät, das Bomben erkennt. Vorbild ist die Hundenase. Die Entwickler untersuchten deren Luftströme mit Hilfe der „Schlieren-Fotografie". Die kann Gase, wie z. B. Atemluft, farbig darstellen und so die Temperaturverteilung und die Strömungen in Form von bunten Schlieren darstellen. Wenn Hunde schnüffeln, so zeigte sich, dringt beim Einatmen ein Luftstrom mit Duftpartikeln geradewegs von vorn in die Nasenlöcher. Sobald die Hundenase etwas Interessantes wahrnimmt, erhöht sich die Frequenz der Schnüffelzüge auf sechs pro Sekunde. Beim Ausblasen der Luft enthüllten die Schlieren Überraschendes: Anders als beim Menschen verlässt die erwärmte Atemluft die Nase nämlich nicht nach vorn, sondern seitlich nach hinten. Und zwar durch die Schlitze an der Hundenase.

Die Länge macht den Unterschied

Dass Hunde besonders gute Riecher haben, ist hinlänglich bekannt. Aber: Die Nasen der Vierbeinder sind unterschiedlich gut ausgerüstet: 100 Millionen Riechzellen stecken in der Mopsnase, bei Langnasen wie dem Border Collie sind es gar 300 Millionen.

Wir Menschen dagegen bringen es lediglich auf popelige (!) 10 bis 30 Millionen …

Aha

Sicher ist sicher: Wie Japan Hunde für Erdbeben rüstet

Tiere haben einfach ein feineres Gefühl. Von den 100 000 leichten Beben, die sich jährlich in Japan ereignen, werden nur 1500 von Menschen überhaupt wahrgenommen. Doch auch wenn Hunde und Katzen zehnmal mehr von diesen Beben spüren und die Erdstöße früher wahrnehmen – ein rettendes Frühwarnsystem für schwere Beben auf Basis ihres 7. Sinns ist nicht in Sicht. So hat man sich in Japan nach leidvoller Erfahrung auf das Leben mit der Katastrophe eingestellt. Als nach dem Tsunami die Häuser von Fukushima evakuiert wurden, durften die Menschen ihre Hunde und Katzen nicht mit in die Notunterkünfte nehmen. Mancher brachte sein Tier deshalb tagelang im Auto unter, andere mussten es schweren Herzens einfach draußen sich selbst überlassen. Damit sich das nicht wiederholt, haben Tierkliniken, Tierheime und Behörden im ganzen Land Unterkünfte für Menschen mit ihren Tieren eingerichtet.. Doch auch vor der Evakuierung, wenn

etwa das Haus oder der Laden fürs Hundefutter zusammen gefallen ist, wird fürs Tier gesorgt. Die Firma Oyagokoro hat für den Fall der Fälle ein praktisches Erdbeben-Überlebensset für Hunde und Katzen produziert. Das Set besteht aus einem wasserfesten Regencape, Gummischuhen und einem Riechfläschchen mit stressreduzierenden Duftölen.

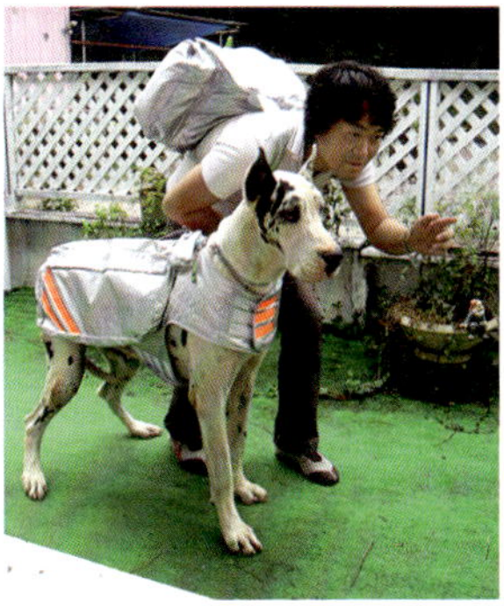

Eine Kapsel mit Namen und Adresse des Halters ist eingearbeitet für den Fall, dass man sich aus den Augen verliert. Die Sets kosten je nach Größe und Ausstattung zwischen 150 und 600 €. Gratis gibt es den Tipp vom Hersteller: Packen Sie ein getragenes Kleidungsstück mit in die Weste. Der vertraute Duft wirkt beruhigend.

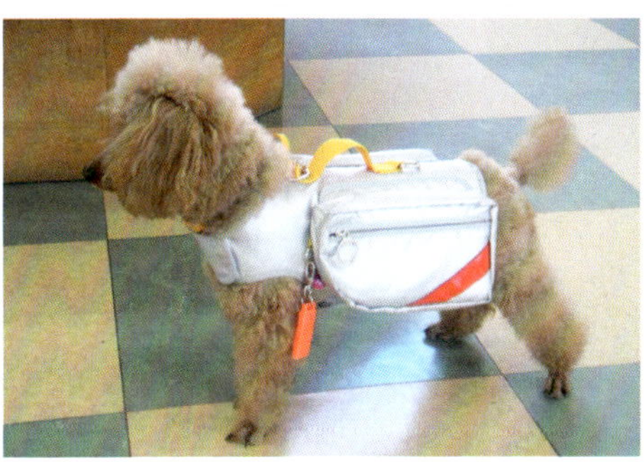

Warum Amerika seine Hunde aufrüstet: Wilde Westen im Wilden Westen

Als ihr liebes Malteserhündchen Buffy beim Spaziergang vor den Augen von Paul und Pam blitzschnell von einem Koyoten gepackt und auf Nimmerwiedersehen verschleppt wurde, war die Trauer groß. Anderen Hunden und Haltern sollte dieses Leid erspart bleiben. Pam und Paul entwickelten eine vor Stacheln starrende Weste, die Hunde und Katzen vor der wachsenden Schar der „Urban Coyotes" in den Städten schützen soll.
Koyoten gab es in den Bergen von Kalifornien schon immer – doch jetzt wird das Jodeln vielstimmig beantwortet aus Grünanlagen, Parks und Gärten vom Sunset Boulevard und anderen ersten Adressen. Eine neue Generation von „Urban Coyotes"(Stadtkojoten) streift durch die Anwesen.
400 000 Kojoten werden jedes Jahr in den USA getötet, rund einer pro Minute. Und doch gab es noch niemals so viele Kojoten wie heute. Die Jagd scheint das Tier, das die Azteken „Coyotl" („den Trickreichen") nannten, in den Schutz der Städte und Vororte zu

treiben. Denn wie unsere Füchse scheint auch der „trickreiche" Amerikaner ganz genau zu wissen, dass zwischen Häusern nicht auf Tiere geschossen wird.
Wer auf Nummer Sicher gehen will, der schützt seinen Liebling mit einer von Pauls Koyotenwesten. Wenn die auch keinen 100-prozentigen Schutz bieten, räumt Paul ein, so dürfte allein schon der ungewöhnliche Anblick den Trickreichen irritieren und aufhalten. Seinen Buffy, davon ist Paul überzeugt, hätte er mit ein paar Sekunden gewonnener Zeit zum Eingreifen retten können.

Dackelpower gegen Unistress

Für verzweifelte Studenten gibt es an der Universität von Nottingham eine ungewöhnliche Anlaufstelle: Ein freundlicher Dackel heißt sie schwanzwedelnd willkommen. Vermutlich ist Dackel Jimmy einer der Gründe, warum die Nottingham Trent University zu den beliebtesten Hochschulen Englands zählt.
Studenten aus aller Welt fühlen sich hier wohl. Nicht zuletzt wegen Jimmy und Frauchen Debra Easter (45). Die Leiterin der studentischen Jobvermittlung und Laufbahnberatung kennt die Sorgen ihrer Studis: Das Geld ist knapp, sie haben Prüfungsangst oder wissen nicht, welche berufliche Perspektive ihre Fachrichtung bietet. Seit Debra ihren Tierheimhund mit ins Büro nimmt, hat sich ihr Arbeitstag geändert. „Meine Klienten sind entspannter, wenn Jimmy sie erstmal begrüßt und abgeschleckt

hat. Jetzt schauen auch Studenten einfach so bei mir rein. Manche vermissen ihren Familienhund, der bei den Eltern lebt. Durch Jimmy ist die Schwelle zu mir zu kommen niedrig. Ich habe jetzt viel mehr Gespräche, kenne die Kandidaten besser und kann sie besser beraten. Jimmy ist sein Gewicht in Gold wert."
Die Studenten haben ihrem Liebling auch einen witzigen Namen verpasst. Wegen ihrer gestreckten Form sind Dackel in England und den USA als „Wiener Dog", als „Würstchenhund" bekannt. Von den im englischen Frühstück servierten Schweinswürstchen, den Chipolata, hat Jimmy seinen Spitznamen Chipolate bekommen. Und gelegentlich empfängt der ehrenamtliche Mitarbeiter der Studentenberatung seine Besucher mit Doktorhut im dunklen Talar der Professoren.

Populärer Irrtum

Wer hinten wedelt, kann vorne nur nett sein

Schwanzwedeln ist immer freundlich – schwer getäuscht! Ein mit dem Schwanz wedelnder Hund sieht erst einmal freundlich aus. Doch nicht jedes Wedeln ist nett gemeint! Das Schwanzwedeln ist Ausdruck der Erregung – und die kann sehr wohl freudig sein, etwa bei einer Begrüßung, aber auch feindlich und aggressiv. Das wird besonders deutlich, wenn Bello vorne böse kläfft und seine Zähne entblößt, während das hintere Ende wedelt.

Hunde „im Dienst"

Aha EXTRA

Ein Hund, der im Haushalt hilft, Vögel verscheucht, vor Feuer warnt, die Gesundheit bewahrt, Leben rettet, als Filmstar Geld nach Hause bringt …und sogar bares Geld erschnüffeln kann, wenn es sich um größere Beträge handelt. Ist das nicht phantastisch? Noch besser: All dies kann Hund lernen.

Mottenjäger

Weimaraner Riley beschützt die Kunstschätze des Boston Museums of Fine Arts mit seiner Spürnase. Die ist ausgebildet, Motten, Museumskäfer und sonstige tierische Schädlinge, die den Kunstwerken zusetzen könnten zu erschnüffeln, damit sie unschädlich gemacht werden können.

Feuermelder

Gut, wir haben jetzt Rauchmelder in allen Wohnungen – aber die empfindliche Hundenase reagiert instinktiv auf Rauch oder Feuer und nimmt Brandgerüche früher wahr als jeder handelsübliche Rauchmelder. Sagt der schwedische Verhaltensforscher und Tierpsychologe Anders Hallgren. Er hat ein Training entwickelt, das Hunde bellen, sobald sie Rauch oder Feuer wittern.

Vogelscheuche

Mittlerweile werden auf vielen Flughäfen speziell ausgebildete Border Collies, die als besonders intelligent und gelehrig gelten, zum Verscheuchen von Vögeln eingesetzt. Bei der US-Armee sind die Hunde schon lange Zeit auf Luftwaffenstützpunkten am Meer vertreten. Vor allem in Küstennähe können die meist schweren und großen Wasservögel beim Zusammenprall mit einem Flugzeug erhebliche Schäden in den Triebwerken verursachen. Auch in Deutschland wurden sie auf den Flughäfen von Hannover, Bremen und Hamburg testweise schon erfolgreich getestet. Allerdings ist ein hierfür abgerichteter Border Collie nicht ganz billig, er kostet 15 000 bis 20 000 Euro.

Schimmelfahnder

Die Ausbildung des Hundes zum Aufspüren von Schimmel ist vergleichbar zu der von Drogen- oder Sprengstoffspürhunden der Polizei. Der Hund wird für eine bestimmte Geruchskomponente sensibilisiert und durch Belohnung und positive Bestärkung dazu gebracht, sie zu melden. Da der Schimmel häufig in der Bausubstanz versteckt liegt, kann die feine Hundenase beim Aufspüren sehr hilfreich sein. Erste Schimmelspürhunde in Deutschland sind bereits vom TÜV geprüft und zertifiziert.

Epilepsie-Warner

Ziel der Ausbildung ist es, den Betroffenen bzw. sein Umfeld vor einem epileptischen Anfall zu warnen. In Deutschland eine noch relativ seltene Methode.

Bei einer kanadischen Studie am Alberta Children's Hospital stellte sich heraus, dass 15 Prozent der Hunde, deren Familien epileptische Kinder haben, instinktiv und ohne besonderes Training, im Schnitt 2,5 Minuten vorher durch intensives Lecken im Gesicht, durch Winseln oder indem sie dem Kind nicht mehr von der Seite wichen, den Anfall anzeigten. Vor allem Hündinnen großer Rassen (Labrador und Golden Retriever, Schäferhunde etc.) erwiesen sich als begabte Warner.

Bargeldnase

Sie werden auf das Erschnüffeln des Geruchs des Papiers und der Druckerfarben von Geldscheinen trainiert und sind vor allem in den Grenzgebieten und an Flughäfen im Einsatz, um organisierten Geldwäschern auf die Spur zu kommen. Die Hunde können nicht nur den Euro, sondern auch andere Währungen erschnüffeln. Wichtig bei der Ausbildung ist, dass der Hund nur bei größeren, nicht aber bei normalen Beträgen anschlägt.

Umweltschützer

Die junge Firma 4 Ocean sammelt Plastikmüll von Meeren und Stränden und recycelt den zu Armbändern. Für jedes verkaufte Armband versprechen die Aktivisten, weitere 500 Gramm Plastik zu sammeln. Jetzt haben die Meeresschützer einen ungewöhnlichen Mitstreiter an Bord: Lila, der sechsjährige Labrador von Firmengründer Axel Schulz, sammelt Plastik vom Strand und sogar aus dem Meer. Nachdem Lila ursprünglich darauf trainiert war, Langusten unter Wasser aufzuspüren und zu fangen, wurde sie auf Plastik umgeschult.

Graffitischreck

In Sachsen-Anhalt werden seit neuestem Polizeihunde zu Graffiti-Spürhunden spezialisiert im Kampf gegen die sehr aktive Sprayer-Szene. Diese Hunde werden nicht auf die Farbgerüche trainiert, sondern nehmen ausgehend vom Ort der „Verzierung" die menschliche Witterung auf und führen die Beamten im Idealfall bis vor die Haustüre des Sprayers.

Filmstar

Sie sehen in Ihrem Hund das Potential eines Filmstars, er liebt es Tricks und Kunststücke zu lernen und spielt gerne den Pausenclown? Deutschlandweit gibt es einige Filmtiertrainer, die immer wieder offene Castings veranstalten um neue Gesichter für Film und Fernsehen zu finden. Voraussetzung für den Hund: offenes Wesen, Freude im Umgang mit vielen Menschen, Stressresistenz, guter Grundgehorsam. Bei Dreharbeiten muss der Hund aus der Distanz gelenkt werden können. Diese Fertigkeiten und der Feinschliff werden zusammen mit dem Filmtiertrainer erarbeitet.

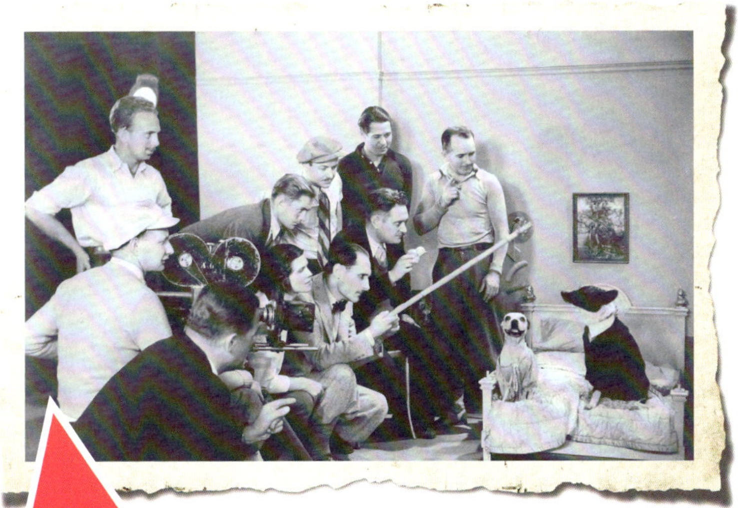

Aha

Hundeschlaf nach Maß

1. Geht immer: Das kleine Nickerchen
Sie tun es im Auto, im Restaurant, neben der Parkbank, unterm Tisch, im Garten, auf dem Sofa und im Körbchen. Beneidenswert: Hunde können praktisch immer und überall ein Nickerchen halten. Dabei sind sie praktisch unermüdlich, wenn sie uns begleiten oder sportliche Aufgaben zu bewältigen haben. Doch kaum sind sie nicht mehr gefordert, suchen sie sich einen Platz, drehen sich ein paar Mal im Kreis und lassen sich nieder. Oft mit einem begleitenden Ächzen. Und siehe da – ganz gleich, ob viele Menschen im selben Raum sind, ob es laut ist, bewegt oder Musik läuft – der Kopf sinkt ganz entspannt auf die Vorder- oder Hinterpfoten, die Augen sind geschlossen und Bello ist schon entschlummert. Das Nickerchen, der Halbschlaf, bei dem die Sinne arbeiten, der Körper sich aber entspannt und erholt. Hierbei zeigt der Kopf nach vorn, die Hinterbeine liegen hinter oder unter dem Körper. Wenn Sie ihn jetzt mit Namen ansprechen, werden Sie am Ohrenspiel erkennen, dass er ansprechbar ist und bereit, sofort zu reagieren, wenn Sie nach einer Pause etwa weiter gehen möchten. Auf Zuruf steht er auf und ist auf der Stelle hellwach.

2. Geht oft: Der privilegierte Tiefschlaf

Anders als beim leichten Nickerchen zwischendurch sind im Tiefschlaf der Hunde alle Alarmanlagen ausgeschaltet. Das leistet sich ein Hund nur dort, wo er sich absolut sicher und geborgen fühlt. Hierbei rollt er sich zusammen wie ein Kätzchen, Kinn oder Backe auf die Hinterschenkel gebettet wie auf ein Kopfkissen oder flach ausgestreckt auf der Seite liegend. Die enorme Fähigkeit unserer Haushunde, bis zu 16 Stunden täglich tief und fest schlafen zu können, gilt als Wolfserbe. Tiefschlaf gilt als Privileg der wehrhaften Tiere. Anders als Rehe, Hasen, Mäuse und andere Pflanzenfresser, die sich als Beutetiere nur einen sehr leichten Schlaf gönnen können, riskieren Hunde und Wölfe im Schutz des Rudels wenig, wenn der Schlaf so tief ist, dass sie eine Bewegung in ihrer Nähe nicht einmal mehr wahrnehmen.

An den Pfoten können wir ganz gut erkennen, was unseren Hund in seinen Träumen beschäftigt. Denn die zucken im Tiefschlaf oft ganz so, als ob Bello gerade über eine grüne Wiese hinter einem Hasen her liefe. Und manchmal blafft und quietscht er schließlich freudig erregt. Vielleicht hat er gerade den Hasen gefangen, der ihm kürzlich vor der Nase hersprang, als er an der Leine spazieren ging. Und sicher kann er nach dem erträumten Jagderfolg nun noch ruhiger und glücklicher weiter schlafen.

Die Hunde-Selbstmordbrücke

Mehr als 300 Hunde sind von hier in die Tiefe gesprungen. Einige Zeitungen in England berichten von 600 Tieren. 50 Tiere haben den Sturz nicht überlebt. In England nennt man die Brücke: "Dogs suicide bridge", die „Selbstmordbrücke der Hunde".
In drei Bögen überspannt die Victorianische Overtoun Bridge das Flüsschen Overtoun Burn, das knappe 20 Meter unter der Brüstung aus schwarzem Basalt fließt. Was treibt Hunde dazu, über die Brüstung zu springen? Paul Owens, ein Lehrer aus dem nahen Glasgow, der das Rätsel seit 11 Jahren systematisch untersucht, hat ein Buch darüber geschrieben. Er ist der Ansicht, dass es ein Fluch ist. "White Lady", die 1908 verstorbene Herrin des prächtigen Overtoun Manour, soll die Tiere in den Tod treiben. Anwohner wissen aber auch, dass der Fluss in der alten keltischen Glaubenswelt ein "Thin place" ist, ein Platz, an dem sich Himmel und Erde überlappen.
Auch die Verhaltensforschung geht der Frage nach. Dem Zoologen David Sands fiel auf, dass besonders häufig Hunde mit langen Nasen und besonders ausgeprägtem Geruchssinn in die Tiefe gestürzt sind. Er glaubt nicht an Selbstmord. Vielmehr vermutet er, dass der Geruch von Dachsen, Mardern oder anderem Wild in dem grünen Flusstal die Hunde anzieht.
Von der Brücke aus können sie nicht ahnen, wie tief es hinter der Brüstung runter geht. „Wenn sie auf oder über die Brüstung springen, gibt es kein zurück."

Aha EXTRA

Blutspende für Hunde

Auch Hunde können Blut spenden. Interessant ist – obwohl Hunde viel mehr Blutgruppen haben als der Mensch, nämlich mehr als 30 –, dass die erste Spende für den Empfänger immer funktioniert. Auch wenn die Blutgruppen nicht übereinstimmen. Erst wenn sich nach der ersten Blutspende Antikörper beim Empfänger gebildet haben, sind bestimmte Typen von Spenderblut nicht mehr verträglich. Das Problem ist, dass die rettende Konserve für Hunde nicht so professionell flächendeckend gesammelt und gelagert wird wie für menschliche Patienten. So steht sie nicht immer und überall für Notfälle zur Verfügung. Bei der Vorbereitung größerer Operationen legen Tierärzte und Tierkliniken deshalb einen Vorrat von Eigenblut an.

Populärer Irrtum

Bernhardiner im Rettungsdienst trugen ein Fässchen

Das berühmte Fässchen, das angeblich Rum enthält, um Lawinenopfer aufzuwärmen, ist eine Erfindung der Mönche vom Großen St. Bernhard, die diese Hunde in ihrem Hospiz auf der Passhöhe züchteten. Die geistigen Getränke waren für die Mönche selbst bestimmt. Bei der Bergung von Menschen wäre so ein Fass einfach zu hinderlich.

Dicke Hunde

Nicht nur die Menschen nehmen stetig zu, sondern auch ihre Tiere. Und das nicht erst im gesetzten Alter, sondern bereits in der Jugend. Der Trend ist für die Praktiker vom Fach einfach unübersehbar: Bereits 60 Prozent aller Patienten, die in unseren 10 000 Kleintierpraxen vorgestellt werden, leiden an Übergewicht. Kein Schönheitsfehler, warnen die Ärzte, sondern handfeste Ursache für ernste Erkrankungen und drastische Verkürzung der Lebenserwartung.

Unter Fell verborgen baut sich der Panzer aus Fett auf. Je länger und dichter das Haar aber, desto besser versteckt sich das „Hüftgold" vor dem Auge. Ist mein Hund zu dick? Um das festzustellen braucht es keine Waage: Tierärzte empfehlen den unbestechlichen Rippencheck per Hand: Lassen sich die Rippen vom Hund ohne Druck direkt mit den Fingern ertasten, ist das Gewicht okay. Finden sich die Rippenknochen erst nach einiger Suche, ist Abspecken angesagt.

Globuli für Tiere

Skeptiker sind der Meinung, dass Homöopathie nur denjenigen hilft, die daran glauben – die sprechen vom Placebo-Effekt. Was aber ist mit Tieren, die gar nicht wissen, dass die kleinen Zuckerkügelchen ihnen helfen sollen? Erfolgreiche Behandlungen zeigen: Krankheitsprävention kann bei Hunden häufig durch den Einsatz von alternativen Heilmitteln geschehen. Viele Produkte, die man aus der klassischen Homöopathie kennt, an erster Stelle Arnika Globuli, die als „Erste Hilfe bei leichten Verletzungen" bekannt sind, finden eine immer größer werdende Anhängerschaft unter den Hundebesitzern und Züchtern. Arnika wird auch gern unterstützend zu Operationen verabreicht, weil der Wirkstoff die Blutungsneigung herabsetzt. Auch durch die Bachblütentherapie, wie z. B. Rescuetropfen und -salbe, kann der Halter einige Symptome (erhöhte Nervosität, Schock etc.) erfolgreich behandeln.

Populärer
Irrtum

Flöhe springen von Hund zu Hund

Kratzt Ihr Hund sich ungewöhnlich oft, kann dies auf Flöhe hinweisen, außerdem können eine schlechte Fellqualität und mangelnde Gewichtszunahme Indikatoren sein.
Flöhe springen dabei nicht von einem Hund zum anderen, sondern bleiben ihrem Wirt ihr ganzes (100 Tage währendes) Leben lang treu.
80 Prozent der Flöhe und ihres Nachwuchses befinden sich allerdings nicht auf dem Hund, sondern in seiner Umgebung. Drum ist es wichtig, auch Liegeplätze, Autositze, Decken, Teppiche und Polster zu behandeln.

Populärer Irrtum

Impfen ist gefährlich

Dank vieler Impfskeptiker konnten überwunden geglaubte Krankheiten wie Masern in unsere Kinderzimmer zurückkehren. Auch unter Hundehaltern grassiert das in den USA entstandene Gerücht, dass Impfungen bei Hunden zu Autismus führen. Riskieren sie nicht die Gesundheit Ihres Tieres.

Impfungen können Ihren Hund vor möglicherweise lebensbedrohlichen Krankheiten schützen. Der Impfschutz Ihres Hundes muss durch jährliche Auffrischungsimpfungen auf dem Laufenden gehalten werden. Diese Injektionen stellen sicher, dass er mit Infektionen und Erkrankungen fertig werden kann. Geimpft wird in der Regel gegen Hundekrankheiten wie Tollwut, Parvovirose, Leptospirose, infektiöse Leberentzündung und Staupe. Halten Sie Impfungen im Impfpass auf dem aktuellen Stand!

Aha

Der Mikrochip – der Hunde-Reisepass unter der Haut

Man sieht es ihnen nicht an. Doch einige Millionen Hunde in Deutschland tragen ihn schon – den Mikrochip. Seit dem 3. Juli 2011 ist er in Kombination mit dem blauen EU-Heimtierpass verbindlich bei Grenzübertritten mit dem Hund. Wie die herkömmliche Ohr-Tätowierung, so hilft auch die zentral registrierte Chipnummer in vielen Fällen, vermisste Tiere zu ihrem Halter zurückzubringen. Mit einer Länge von etwa 20 mm und einem Durchmesser von 1 mm ist der Chip kaum größer als ein Reiskorn. Sein individueller und unverwechselbarer Nummerncode lässt sich mit speziellen Lesegräten entziffern.

Der neue blaue Impfpass (= EU Heimtierausweis) ist beim Tierarzt erhältlich. Impfungen – wie gegen Tollwut – müssen bei Auslandsreisen in diesem Ausweis eingetragen sein. Der Tierarzt darf aber nur bei bereits gechippten Tieren einen Eintrag vornehmen. Ein Nachtrag, wie es früher beim gelben Impfpass möglich war, ist ebenso ausgeschlossen wie das nachträgliche Chippen.

Chip und Heimtierausweis gibt es beim Tierarzt. Der Chip wird mit einer Art Injektionsspritze unter die Haut gepflanzt. Meist in die linke Schulter-Nackenregion. Die Prozedur verläuft ohne Narkose, ist kurz und schmerzlos wie eine Impfung.

Der Mikrochip ist ein elektronischer Transponder, der von den vom Lesegerät ausgesandten Radiowellen aktiviert wird. Auf dem Display des Lesegeräts erscheint die 15-stellige ID-Nummer. Die ersten drei Zahlen dieser Reihe sind Landeskennung, die weiteren 12 Zahlen sind die weltweit einmalige Codierung. Bis zu 400 000 Hunde pro Jahr entlaufen Herrchen oder Frauchen. Es empfiehlt sich, den Tierarzt zu beauftragen, dass er ein gechipptes Tier bei einem zentralen Register (etwa Tasso Haustierregister oder Tierschutzbund) anmeldet. Für den Fall, dass das Tier entläuft oder irgendwie abhandenkommt, bestehen dann gute Chancen auf ein Wiedersehen.

Zum Schnappen lecker: Hundekekse selbst gebacken

(garantiert gesund und ohne großen Aufwand!)

Man nehme: 2 bis 3 Gläschen handelsüblicher Babynahrung, die meist in Portionen zu 190 oder 125 Gramm angeboten werden. Je nach Gusto mit Karotte, Reis, Hühnchen- oder Rindfleisch.
Das wird mit etwa der gleichen Menge Mehl vermischt, bis ein fester Teig entsteht.
Teig ausrollen und die Kekse wie Weihnachtsplätzchen in der gewünschten Größe und Form ausstechen.
Kekse auf Backpapier für 20 bis 25 Minuten in den auf 200 Grad vorgeheizten Backofen legen. Für lange Haltbarkeit ist es wichtig, dass die Kekse gut durchtrocknen. Dafür lässt man sie bei leicht geöffneter Backofentür noch im Ofen, bis dieser abgekühlt ist.
Kekse nicht in der Tupperdose oder Plastik lagern, weil sie sonst weich werden. Schön knusprig bleiben sie in einer Papiertüte.

Hunde-Filmstars

1905 Rescued by Rover

Der erste Hundefilm der Geschichte mit Collie-Hündin Blair war ein Kassenschlager. Bei Produktionskosten von 7 Pfund, 13 Schilling und 9 Penny ein gutes Geschäft. Einen Filmverleih gab es damals noch nicht. Jedes Kino zahlte für eine Kopie des Streifens 10 Pfund, 26 Schilling.

1914 A Dog's Love – Die Liebe eines Hundes

Ein kleines Mädchen hat keine Freunde, bis es Nachbarshund Shep kennenlernt. Die traurige Story endet mit dem Unfalltod des Mädchens. Tieftraurig bringt Shep jeden Tag eine Blume an ihr Grab.

1922 Rin Tin Tin

Ende des Ersten Weltkriegs brachte US Soldat Lee Duncan den Schäferhund aus Lothringen in die USA. In einem Warner Brothers-Film sollte er für eine Szene einen Wolf spielen. Die Produzenten waren so begeistert, dass sie Rin Tin Tin für weitere Filme engagierten und ihm schließlich die Titelrolle einer ganzen Serie übertrugen. 1956 kam Rin Tin Tin erstmals ins deutsche TV. Rin Tin Tin erhielt einen Stern auf dem Walk of Fame.

1943 Lassie

Erster Darsteller des Klassikers um einen Langhaarcollie war ein Rüde namens Pal. Als Held einer TV-Serie und im Kino rettete und half Lassie Generationen von Herrchen bis ins Jahr 2005. Fast alle Nachfolger von Pal waren Rüden, weil ihr Fell voller ist als das von Hündinnen. Lassie hat wie Rin Tin Tin einen Stern auf dem Walk of Fame in Hollywood.

1961/1996

101 Dalmatiner

Der Film, der ursprünglich nach seinen Hauptdarstellern „Pongo und Perdita" benannt wurde, war sowohl als Zeichentrickfilm als auch mit realen Darstellern ein Kassenschlager: Er erzählt die Geschichte zweier Dalmatinereltern, deren Welpen von der skrupellosen Cruella De Vil (im Realfilm gespielt von Glenn Close) entführt werden. Diese will sich aus dem gepunkteten Fell der Babys einen Mantel schneidern lassen. Pongo und Perdita machen sich auf den Weg, ihre 15 Welpen und 84 weitere Hundekinder (15 + 84 = 101 Dalmatiner) aus den Fängen der Entführerin zu befreien.

1989 Scott und Huutsch

Der Streifen um die schicksalhafte Verbindung zwischen dem peniblen Polizisten Scott Turner, gespielt von Tom Hanks, und der sabbernden Bordeauxdogge Beasley wurde ein Welterfolg und machte Bordeauxdoggen in manchen Kreisen zu Trendhunden.

1992 Ein Hund namens Beethoven

Hauptdarsteller des Familienfilms ist ein Bernhardinerwelpe, der sich vor Hundefängern in das Haus der Familie Newton retten kann. Während Familienvater George wenig begeistert von dem Riesenbaby ist, kämpfen die drei Kinder dafür, den Hund (der nach seiner Vorliebe für Beethovens 9. Sinfonie benannt wird) zu behalten. Bis 2014 entstanden insgesamt 7 Fortsetzungen des Films, u.a. „Eine Familie namens Beethoven" und „Beethovens abenteuerliche Weihnachten".

1999–2010

Hausmeister Krauses Bodo

11 Jahre lief die Serie von Tom Gerhardt um Hausmeister Krause und seinen Dackel Bodo von der Hermannsklause. Kenner brauchen nur den legendären Slogan „Alles für den Dackel, alles für den Club" anzustimmen – und schon hat man unvergessliche Szenen aus den Filmen vor Augen. Nicht wenige

glauben, dass der enorme Dackelboom der 2000er Jahre – 2018 wurde das weltweit erste Dackelmuseum in Passau eröffnet – auf Bodos unwiderstehliche TV-Präsenz zurück zu führen ist.

2008 Marley & Ich

„Marley & Ich" ist die Verfilmung des gleichnamigen (autobiografischen) Buchs von John Grogan: Jenny und John sind sich nicht sicher, ob sie bereit sind, Kinder zu bekommen. Sie überlegen sich, die Elternrolle und das Familienleben erst einmal mit einem Hund zu testen – so tritt der Labradorwelpe Marley in ihr Leben. Dieser wird zum geliebten Familienmitglied, das großes Chaos veranstaltet. Der Film begleitet die Familie durch Höhen und Tiefen des Lebens und endet damit, dass die (inzwischen um drei Kinder gewachsene) Familie den kranken und alten Marley einschläfern lassen muss.

2012 The Artist

Der Stummfilm, der 2012 den Oscar in der Kategorie „Bester Film" gewann, machte den Hauptdarsteller Jean Dujardin zum internationalen Star – und verhalf auch Terrier Uggie zu Berühmtheit. Der kleine Hund hatte auch Auftritte in den Hollywood-Streifen „Wasser für die Elefanten" und in der Komödie „Die Qual der Wahl".

Aha EXTRA

Helden & Legenden auf vier Pfoten

Barry, der Bergretter

In seiner Schweizer Heimat ist Bernhardiner Barry ein Nationalheld – verehrt wie Wilhelm Tell. Mehr als 40 Menschen soll er am Großen St. Bernhard aus Bergnot gerettet haben.
So ein Schicksal verlangt geradezu nach einem würdigen Denkmal. Auf dem Hundefriedhof von Paris steht Barry in Stein gehauen. Auf seinem Rücken trägt er das Kind, das er gerade aus Bergnot vorm Kältetod bewahrt. 40 Menschen konnte er retten, vom 41. wurde er erschossen. Die Sache mit dem Schuss stimmt nicht – aber viele Legenden ranken sich um den Hund, der in den Jahren zwischen 1800 und 1812 im Hospiz auf dem Großen St. Bernhard als Rettungshund lebte. Sein gewaltsamer Tod durch Menschenhand, wie es die Inschrift auf seinem Denkmal beschreibt, dürfte allerdings nicht der historischen Wahrheit entsprechen. Denn Barrys Fell, das liebevoll restauriert

und erhalten das Präparat im Berner Naturhistorischen Museum umgibt, weist keinerlei Schussverletzung auf. Aus Chroniken geht vielmehr hervor, dass der hochverdiente Retter, der schon zu Lebzeiten legendären Ruf genoss, im Alter von zwölf Jahren aus der rauen Bergwelt ins Tal gebracht wurde, wo er noch zwei weitere Jahre das Leben eines Pensionärs führen durfte, bis er mit 14 Jahren friedlich einschlief.

Wie andere seiner Verwandtschaft vor und nach ihm, begleitete er die christlichen Marroniers, die in Diensten der Mönche vom St. Bernhard täglich über die Wege des gefährlichen Alpenpasses patrouillierten wo sie verirrte und verunglückte Reisende bargen. Eine Pflicht, die der Heilige Vater den Mönchen vom Hospiz bereits im 15. Jahrhundert auferlegte. Die hatten für die Sicherheit und den Schutz der Pilger zu sorgen, die auf ihren Reisen nach Rom und zurück die Alpen überqueren mussten.

Bis in die 1960er Jahre hielten und züchteten die Mönche auf dem großen St. Bernhard ihre berühmten Hunde.

Obwohl der große alpine „Mehrzweckhund" vom St. Bernhard eigentlich kein Lawinenhund war, gelang es seiner feinen Nase immer wieder, auch Lawinenopfer aufzuspüren und sie mit Hilfe der Klostermänner zu bergen. Doch die Hunde, deren Ursprung vermutlich auf die berüchtigten Kampfhunde des alten Rom (Molosser) zurückgeht, waren nicht nur als Retter und Helfer eingesetzt. In der Eingangshalle des Hospiz, in dem Reiche und Händler, Reisende und Räuber und Pilger aller Schichten Zuflucht suchten, sollten sie in dieser gemischten Gesellschaft Überfälle verhindern. So berichtet eine Schilderung aus dem Jahr 1787, wie „allein der Anblick dieser Molosse" eine Räuberbande davon abhielt, den Klosterschatz zu rauben.

Lebensretter Whizz

Neufundländer Whizz (2004–2016) wurde posthum als weltbester Lebensretter geehrt. Neun Schwimmer hat der ausgebildete Wasserwächter vor dem Ertrinken gerettet. Doch für die meisten Schlagzeilen sorgte er, als er – kaum ein Jahr alt und noch in Ausbildung – einen hilflosen Pudel aus der Bucht von Bristol rettete. Baywatch-Retter David Hasselhoff erwies seinem vierbeinigen Kollegen die Ehre.

Hachiko – Treue ohne Ende

In den 1920er Jahren begleitete ein Akita jeden Morgen sein Herrchen Professor Ueno auf seinem Weg zur Kaiserlichen Universität Tokio bis zum Bahnhof Shibuya. Den ganzen Tag wartete er hier auf Herrchens Rückkehr, um ihn freundlich zu begrüßen und nach Hause zu begleiten. Eines Tages im Jahr 1925 wartete er vergebens auf sein Herrchen. Der Professor war an einer plötzlichen Hirnblutung verstorben. Bis zu seinem Tod am 8. März 1935 wartete der treue Hund Tag für Tag bis zum Abend auf Herrchens Rückkehr. Dieser Treue setzten die Japaner 1934 bereits zu Hachikos Lebzeiten ein Denkmal. Die Hundelegende in Bronze wurde zum bedeutungsvollen Treffpunkt für Liebende.

Bis heute hat die Geschichte nicht an Faszination verloren. 2015 sammelten Studenten Geld für ein neues Denkmal. 90 Jahre nach seinem Tod wird Professor Ueno wieder von seinem geliebten Hund begrüßt.
Auch nach Hollywood hat es Hachiko geschafft: die Geschichte der wunderbaren Freundschaft zwischen dem Hund und dem Professor wurde erstmals 1987 verfilmt. In der Neuverfilmung von 2009 „Hachi: A Dog's Tale" hat Richard Gere die Rolle des Professors übernommen.

Aha

Anubis – Gott in Hundegestalt

In den meisten Hochkulturen wurden Hunde verehrt.
Die Ägypter ernannten Anubis (ägyptisch Inpu oder auch Anpu), den Gott in Hundegestalt, zum obersten Richter ihres Totenreichs. Er war der Gott der Totenriten und der Mumifizierung. Als Herr der Balsamierungshalle wirkte er an der Balsamierung der Toten mit. Darüber hinaus fungierte Anubis als Beschützer des Königs und wurde häufig als Kämpfer beschrieben. Er wird vorwiegend als liegender schwarzer Hund, Schakal oder auch als Mensch mit Hunde- oder Schakalkopf dargestellt.

Aha

Von Ägypten nach Ibiza und von dort in die ganze Welt

Nicht nur als Gott Anubis waren Hunde im alten Ägypten präsent. Sie wurden auch als Haustiere gehalten. Nach heutigen Erkenntnissen gab es zunächst drei Rassen: den „Wolfshund" mit aufrecht stehenden Ohren und buschigem Schwanz, den Windhund, der durch einen kurz aufgerollten Schwanz gekennzeichnet ist, sowie eine Doggenart mit Schlappohren. Hunde erfuhren im alten Ägypten eine besondere Wertschätzung: Sie wurde zum einen als nützliche Begleiter bei der Jagd und nicht selten auch in Kämpfen und Schlachten, aber auch neben dem Stuhl vornehmer Menschen sitzend – als Haustier – dargestellt.

Der Podenco Ibicenco ist ein Nachfahre der ägyptischen Windhunde: Phönizische Handelsleute haben diese elegante Rasse, die vor Jahrtausenden schon die Pharaonen bei der Jagd auf Antilopen begleitete, auf die Mittelmeerinsel Ibiza gebracht. Es heißt, dass immer noch einige seiner Nachfahren frei hier leben. Doch die meisten dieser heute als Rasse anerkannten Hunde finden sich inzwischen auf dem europäischen Festland.

Aha EXTRA

Hunde als Musen

So manches Kunstwerk verdankt seine Entstehung der Liebe zu Hunden. Sie inspiriert kreative Geister der schönen Künste …

Vico von Bülow, alias Loriot (1923–2011)

Von klein auf wurde Loriot von Hunden begleitet. Besonders Möpse hatten es ihm angetan. „Ein Leben ohne Mops ist möglich, aber sinnlos", dürfte sein bekanntestes Zitat sein. Möpse tauchten in seinen Cartoons auf, in seinen Sketchen und Büchern. Drei Generationen von Möpsen lebten mit seiner Familie ab 1966 in Ammerland am Starberger See: Henry und Gilbert, gefolgt von Wutz und Mime, seine letzten Lieblinge hießen Paul und Emil. Seine Geburtsstadt Brandenburg an der Havel setzte dem großen Sohn 2015 mit einem „Waldmopszentrum" ein Denkmal.

Loriot mit Muse Wutz in seinem Arbeitszimmer in Ammerland, um 1975

Richard Wagner (1813–1883)

Nicht weniger als 23 Namen listet die Bayerische Staatsoper in ihrem Blog über die Hunde des Komponisten auf. Diese genossen Privilegien als Begleiter des Künstlers, durften sogar bei den geheiligten Proben anwesend sein. Allerdings wurde sein brauner Pudel „Rüpel" wegen Bellens aus dem Orchestergraben des Magdeburger Theaters verbannt. Auf einem Foto von der Uraufführung von „Tristan und Isolde" 1865 in München sieht man Jagdhund „Pohl" zu Herrchens Füßen liegen.
In seiner Dresdner Zeit musste Cavalier King Charles Spaniel „Peps" auf einem gepolsterten Hocker neben dem Flügel Platz nehmen, wenn der Meister komponierte.

Pablo Picasso (1881–1973)

Es war wohl Liebe auf den ersten Blick, als Fotograf David Douglas Duncan in Begleitung seines Dackels am 19. April 1957 zum Fototermin auf dem Anwesen des Malers in der Nähe von Cannes eintraf. Picasso war hingerissen von dem Hund, der ihn freudig begrüßte und sich für die Skulpturen im Garten seiner Villa interessierte. Noch am selben Tag porträtierte Picasso den Dackel namens „Lump". Die beiden waren von Beginn an so innig miteinander verbunden, dass David es nicht übers Herz brachte, sie zu trennen: Am Abend fuhr er ohne seinen Lump ab. In den Jahren danach diente Lump häufig als Modell des Künstlers. Picasso überlebte seinen Liebling, der am 29. März 1973 im hohen Alter von 16 Jahren starb, nur um 10 Tage.

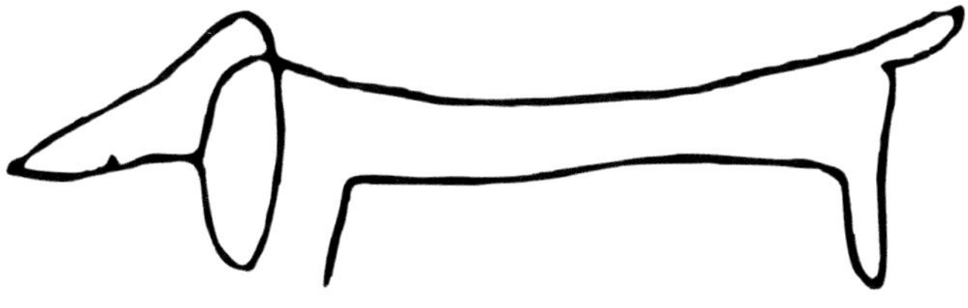

Genial: Dackel Lump in einem Strich

Andy Warhol (1928–1987)

Nach einigen Jahren mit Siamkatzen kam der schillernde Begründer der Pop Art auf den Hund. Archie und Amos hießen die beiden Dackel, die ihn in den 1970er Jahren in der New Yorker Kunstszene begleiteten. Keine Frage, dass er ihnen Porträts im Stil von Ikonen wie Marilyn Monroe widmete. Eine reiche britische Dackelbesitzerin wollte ihren Liebling Maurice von Warhol persönlich porträtieren lassen. Ein lukrativer Auftrag, den der äußerst geschäftstüchtige Künstler nur zu gern übernahm. Allerdings sagte er die Reise zur Kundin ab, weil er sich nicht von seinem Dackel trennen wollte. Wegen Englands rigiden Quarantänevorschriften war es zu dieser Zeit kaum möglich, mit einem Hund einzureisen. So fertigte Warhol das Porträt von Maurice anhand eines zugesandten Polaroid Fotos. Heute kann man selbst zum Künstler werden und seinen Hund in Warhol-typischer Manier zum Pop-Art-Kunstwerk machen (lassen). Mit dem Converter entstehen aus einfachen Fotos in kürzester Zeit poppige Hunde-Bilder.

Von Hundefreund zu Hundefreund

Loriot wird die Aussage „Ein Leben ohne Mops ist möglich, aber sinnlos" zugeschrieben. Der Satz gilt als eines seiner bekanntesten Zitate. Allerdings war es Heinz Rühmann, der zuerst sagte „Ein Leben ohne Hunde ist möglich, aber sinnlos" – die rassespezifische Präzision lieferte Loriot erst einige Jahre später.

Rekord: Freddy, der größte Hund der Welt

Als Freddy zur Welt kam, war die Dogge der Zwerg des ganzen Wurfs aus acht Welpen. Die 90 Kilogramm schwere Dogge wurde von der Guinness Kommission für Weltrekorde zum größten Hund der Welt gekürt. Zwei Pfund gehacktes Rindfleisch verschlingt er am Tag, dazu 300 Gramm Leber. Und zur Abwechslung sein Lieblingsgericht – gebratenes Hühnchen. Freddy hat so manche Schwächen – er ist verrückt auf Erdnussbutter – und leider auch auf Sofas.

Aha

Ein tierischer Fall von Benjamin Button

Im Gegensatz zum Menschen kommen Shar Peis – chinesische Faltenhunde – extrem faltig zur Welt und werden im Laufe ihres Lebens immer glatter ...
Die Rasse gibt es schon seit fast 2000 Jahren in China. Die lose, faltige Haut des Shar Peis lässt vermuten, dass er irgendwann im Laufe seiner Geschichte auch für Hundekämpfe gezüchtet wurde. Für solche wurde er jedenfalls lange nach seiner Entstehung eingesetzt, als die Engländer China besetzten und auch ihre damalige Leidenschaft für Hundekämpfe nebst den entsprechenden Hunden mitbrachten.

Nicht nur für Seehunde: Hundestrände an Nord- und Ostsee

In der sommerlichen Badesaison zwischen 1. Mai und 1. Oktober sind die meisten Strände Deutschlands Sperrgebiet für Hunde. Doch einige Nordseeinseln wie Juist und Spiekeroog präsentieren sich als Hundeinseln.
Einige Küstenorte weisen auch Strandabschnitte als Hundestände aus. Im Ostseebad Grömitz kann man gar bei der Strandkorbmiete angeben, wie groß der begleitende Hund ist. So hat Bello die Möglichkeit, unter Strandnachbarn ähnlicher Größe Spielkumpel für die Urlaubstage zu finden.
Unsere niederländischen Nachbarn sind offener für Vierbeiner. Lokale Tourismusämter umwerben Halter mit ihren Hundestränden. Viele gestatten auch in der sommerlichen Hochsaison Hunden den Zugang nach 19.00 Uhr.

Populärer Irrtum

Pudel sind verwöhnte Schickimicki-Hunde

In den 1950er und 1960er Jahren führte beinahe jede ältere Dame im Persianer ihren Pudel spazieren, wenn sie zum Kaffeekränzchen ging. Oft war dieses kunstvoll geschorene Tier mit einem rosafarbenen Mäntelchen bekleidet. Pudel waren in Mode. Aus dieser Zeit stammen wohl auch noch die vielen Vorurteile, mit denen Pudelbesitzer noch heute zu kämpfen haben. Schließlich wurde der Pudel – eine der ältesten Hunderassen der Welt – ursprünglich als Jagd- und Gebrauchshund gezüchtet. Vor allem im Wasser wurde er eingesetzt. Dies erklärt auch den Ursprung seines Namens. Er stammt vom alten deutschen Wort „Pfudel" = Pfütze. Pudelnass fühlt sich so ein Pudel pudelwohl!
Pudel gelten sogar als die intelligenteste aller Hunderassen. Sie sind außergewöhnlich gelehrig und leicht erziehbar. Als Familienhund ist der Pudel ein verspielter geduldiger Freund für Kinder. Das schönste: Die albernen Pudelfrisuren von einst mit Pommeln und Krönchen sind out. Ja, es gibt sogar schon Frisöre, die den aktuellen Jagdcut anbieten. Damit sieht der Pudel aus wie ein richtiger Jagdhund, der er ja auch ist.

Aha

Die beliebtesten Hundesportarten

1. Agiliy – Herr und Hund sportlich durch den Parcours
2. Obedience – Gehorsam auf Wort und Blick
3. Dog Dancing – Harmonie zwischen Zwei- und Vierbeiner
4. Dog Frisbee – fliegende Hunde
5. Flyball – der Hund wirft selbst
6. Dummytraining – jagen, kniffeln, kombinieren
7. Hüten – fördert den natürlichen Herdenschutztrieb
8. Mantrailing – dem Menschen auf der Spur
9. Hunderennen – Disziplin für Wind- und Schlittenhunde
10. Schutzhundausbildung – der Hund als Versicherung

1

5

9

Aha

Dog Frisbee

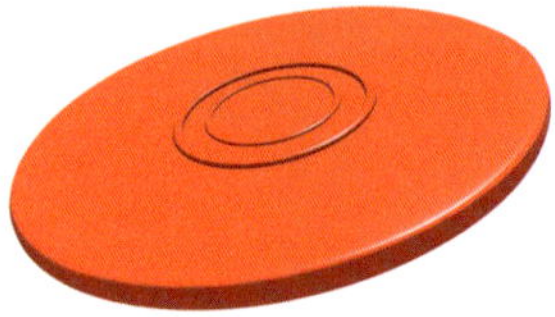

In der einfachsten Variante des Dog Frisbee wirft ein Mensch ein Frisbee und der Hund bringt es zurück. Durch Varianten und Tricks kann der Sport individuell und auf Turnierebene betrieben werden. Discdogging, wie es auch heißt, ist grundsätzlich für jeden gesunden Hund geeignet. Um Verletzungsgefahren vorzubeugen, sollten nur hundegeeignete Frisbee-Scheiben verwendet werden. Diese Scheiben sind bruchsicher und lassen sich leicht verbiegen und halten auch mal einem kräftigen Biss stand. Weiter sollte der Sport am besten auf weichem, ebenen Boden, möglichst ohne Löcher gespielt werden. Schließlich hat der Hund, der hinter der fliegenden Scheibe her rennt keinen Blick nach unten.
Auf Turnierebene unterscheidet man Freestyle, Mini Distance und Long Distance.

Aha

Na endlich! Das Geheimnis des Dackelblicks enträtselt

Sie können einen anschauen – und wir wissen, dass sie etwas von uns wollen: Ist es ein Stück Pizza von unserem Teller, etwas Schokolade, will er ausgeführt oder gestreichelt werden …? „Kein anderes Tier kann uns so vielsagend ansehen wie ein Hund“, sagt Clive Wynne von der Universität Arizona. Der Psychologe ist Spezialist auf dem Gebiet der Hund-Mensch-Beziehung. Zusammen mit

Evolutionsbiologen und Anatomen hat er die Gesichtsmimik verschiedener Tiere untersucht und festgestellt, dass der Muskel, der beim Menschen für das Heben der Brauen zuständig ist, sich auch beim Hund findet. Nicht aber beim Wolf. Die Forscher vermuten, dass sich dieser Muskel – medizinisch „Levator anguli occuli", der Brauenheber – im Laufe der Domestikation des Hundes entwickelt hat. Wie gut dieser kleine Muskel im Dienst der Kommunikation funktioniert, fanden die Forscher bei ihren Beobachtungen in Tierheimen heraus: Hunde, die den sehnsüchtigen Schmachtblick dank ausgeprägter Brauenmuskulatur deutlich einsetzen konnten, wurden rascher in liebevolle Hände vermittelt als ihre weniger ausdrucksstarken Gefährten.

Das Klugscheißer-Quiz für Hunde-Kenner

1. Wie lange dauert die Tragzeit einer Hündin?
A) Einen Monat
B) Zwei Monate
C) Drei Monate
D) Sechs Monate

2. Wie viele Zähne hat ein Hund?
A) 32
B) 38
C) 40
D) 42

3. Was bedeutet Pedigree?
A) Hundefutter
B) Stammbaum
C) Ausbildung
D) Schmusehund

4. Welche ist die häufigste Rasse in der Welpenstatistik?
A) Golden Retriever
B) Mops
C) Schäferhund
D) Dackel

5. In welcher Stadt zahlt man die höchste Hundesteuer

A) Hamburg
B) Köln
C) Frankfurt
D) München

6. Zu welchem Zweck wurde die Rasse der Yorkshire Terrier ursprünglich gezüchtet?

A) Schoßhund
B) Hütehund
C) Rattenjäger
D) Spürhund

7. Wie viele Blutgruppen haben Hunde?

A) Hunde haben keine Blutgruppe
B) Sie haben genau so viele wie der Mensch
C) Sie haben mehr als Menschen
D) Sie haben weniger als Menschen

8. Ein Hund welcher Rasse begleitete den Philosophen Arthur Schopenhauer?

A) Mops
B) Windhund
C) Pudel
D) Schäferhund

9. In welcher Stadt wurde 2018 das weltweit erste Dackelmuseum eröffnet?

A) München
B) Passau
C) Bayreuth
D) Bamberg

QUIZ

10. Was zeichnet einen Ungarischen Hirtenhund oder Komondor aus?

A) Rastalocken
B) Humor
C) Wachsamkeit
D) Gehorsam

11. Was sind die Lieblingshunde von Queen Elizabeth?

A) English Setter
B) Englische Bulldoggen
C) Corgis
D) English Toy Terrier

12. Was meint der Jäger, wenn er beim Hund vom Behang spricht?

A) Schwanz
B) Haar
C) Ohren
D) Beine

13. Welche Rasse spielt in Goethes Tragödie „Faust" eine wichtige Rolle?

A) Dalmatiner
B) Pudel
C) Mops
D) Windhund

14. Wie viele Hunde leben in Deutschland?

A) 9 bis 11 Millionen
B) 7 bis 9 Millionen
C) 5 bis 7 Millionen
D) 3 bis 5 Millionen

15. Was bedeutet Geläut in der Jägersprache?

A) Speichelfluss
B) Harnlassen
C) Bellen
D) Schwanzwedeln

16. Warum heben Rüden das Bein beim Wasserlassen?
A) Es liegt am Hormon Testosteron.
B) Es ist praktisch im Vorbeigehen.
C) Sie mögen sich nicht hinsetzen.
D) Sie zeigen, wie groß sie sind.

17. Welcher dieser Hunde hat Schwimmhäute zwischen den Zehen?
A) Airedale Terrier
B) Dalmatiner
C) Cocker Spaniel
D) Labrador Retriever

18. Was war 2018 der beliebteste Name für einen Rüden?
A) Balu
B) Max
C) August
D) Willi

19. Warum drehen sich Hunde umständlich im Kreis, bevor sie sich hinlegen?
A) Sie checken, ob ringsum alles in Ordnung ist.
B) Sie zeigen Herrchen, dass sie jetzt ihre Ruhe haben wollen.
C) Ihre wilden Vorfahren haben sich so im Gras ihr Bett gemacht.
D) Sie verteilen dabei Duftstoffe, die ihr Schlafrevier markieren.

20. Welcher dieser Filmhunde hat keinen Stern auf dem Hollywood Walk of Fame?
A) Lassie, Collie
B) Rin Tin Tin, Deutscher Schäferhund
C) Strongheart, Deutscher Schäferhund
D) Huutch, Bordeauxdogge

AUFLÖSUNG

1B, 2D, 3B, 4C, 5B, 6 C, 7C, 8C, 9B, 10A, 11C, 12C, 13B,14A,15C,16A,17D,18A, 19C, 20D

Aha EXTRA

Hunde. Eine Zeitreise

100 000 Jahre ist es her, dass die Entwicklungslinien von Wolf und Hund getrennt verlaufen.

33.000 Jahre alt ist ein Hundeschädel, der in einer Höhle im Altai Gebirge gefunden wurde.

17.000 Jahre alt ist ein Hundeschädel, der im russischen Oblast Brjansk in den Überresten einer aus Mammutknochen erbauten Hütte gefunden wurde.

14.500 Jahre alt ist das Hundegrab von Oberkassel, in dem zwei Menschen zusammen mit einem Hund beigesetzt wurden.

Die kapitolinische Wölfin säugt Romulus und Remus, der Sage nach die Gründer Roms.

9.500 Jahre alt sind Hundeknochen aus Texas. Das Alter der ersten Hunde, die für die neue Welt nachgewiesen sind, wurde mit der C14 Methode datiert.

Vor 5.000 Jahren zu Ötzis Lebzeiten, sind neben wolfsähnlichen Hunden Hirtenhunde, Vorstehhunde, Windhunde und Doggen nachgewiesen.

Vor 4.500 Jahren tauchten im Umkreis von Pfahlbauten die ersten Spitz-ähnlichen Hunde auf.

Vor 3.000 Jahren seit Beginn der Eisenzeit, finden sich Knochen von Hunden unter Türschwellen menschlicher Behausungen. Sie sollten wohl auch nach ihrem Tod noch die Bewohner beschützen.

300 Jahre v. Chr. Zur Blütezeit des römischen Reiches gelangten die verschiedensten Hundetypen aus den Kolonien nach Rom. Formen wurden gezielt für ihren Einsatz zum Rennen, zur Jagd, als Kampf- oder Wachhund gezüchtet.

0 Um die Jahrhundertwende wurde in der Eifel ein Spitz-ähnlicher Hund zusammen mit seinem Fressnapf beerdigt.

Mittelalter Auf Bauernhöfen wurden Ratten zum Problem. Zur Zeit der Kreuzzüge züchteten Bauern kleine Rassen zur Bekämpfung der Plagen. Daraus entwickelten sich Jagdhunde, Terrier und Spaniel.

Europas Adel kultiviert die Jagd und standardisierte Rassen zur Jagd auf bestimmtes Wild. Es entstanden Greyhounds und Doggen.

1579 Der Arzt Jacobus Horscht empfiehlt den Hund „als liebstes Tierlein des Menschen“.

Clarissa Strozzi aus der Florentiner Adelsfamilie Strozzi mit ihrem Zwergspaniel, gemalt von Tizian

Sanitätshund im Ersten Weltkrieg an der französischen Front

Renaissance In Adelskreisen wurden Schoßhündchen beliebt. Die Lieblinge der Damen im Format von Pekinese oder King Charles Spaniel finden sich auf vielen Porträts dieser Zeit..

Barock Seidenhündchen, kleine Hunde mit seidigem Haar, waren en vogue in feinen Salons. Besonders chic: Havaneser, die aus Havana importiert wurden.

Rokoko Neben dem Spaniel entwickelt sich der Mops zum in-Hund an Höfen und in den feinen Kreisen.

18. Jahrhundert Spitz und Pudel kommen in Mode, lösen den Mops ab.

Um 1800 Zur Eindämmung von Streunern und Tollwut führt Berlin eine Vorform der Steuermarke ein, das sogenannte Hundstagszeichen, das am Halsband zu tragen war.

1841 In Berlin wird der erste Tierschutzverein gegründet. Er wird später damit beauftragt, Streuner einzufangen und zu beherbergen.

1859 In England findet die erste Hundeschau statt.

1863 Die Berliner Polizei verordnet Maulkorbpflicht für Hunde in der Öffentlichkeit.

1914 werden Hunde zum Kriegsdienst rekrutiert. Sie suchen nach Verwundeten, transportieren als Fronthelfer Briefe und Munition, ziehen als Karrenhunde Maschinengewehre ins Feld.

1986 Der Bundestag beschließt: Hunde dürfen nicht mehr für die Küche geschlachtet werden.

1987 Das Tierschutzgesetzt verbietet in Deutschland das Kupieren der Ohren.

1998 Das Kupieren der Rute wird in Deutschland verboten.

2011 Seit Juli müssen Hunde und andere Haustiere bei Auslandsreisen zusätzlich zum blauen EU-Heimtierpass einen Mikrochip tragen.

Was andere über Hunde sagen …

Lege dich mit den Hundehaltern an und du verlierst die absolute Mehrheit!

Konrad Adenauer

Hunde beißen mich nicht. Es sind die Menschen.

Marilyn Monroe

Ich misstraue Menschen, die Hunde nicht mögen. Aber ich traue jedem Hund, wenn er einen Menschen nicht mag.

Bill Murray

Ich habe große Achtung vor der Menschenkenntnis meines Hundes. Er ist schneller und gründlicher als ich.

Otto von Bismarck

Der größte Schauspieler der Welt ist mein Hund. Wenn er Hunger hat, tut er so, als ob er mich liebt.

Marlon Brando

Der eigene Hund macht keinen Lärm – er bellt nur.

Kurt Tucholsky

„Wo ist Superbe? Sie soll wieder auf den Stuhl kommen!" (der sterbende Friedrich der Große, als er am 17. August 1786 gegen 1 Uhr morgens bemerkt, dass seine Windspielhündin Superbe nicht neben ihm liegt)

Friedrich der Große

Bildnachweis

S.4 Astrid Larsen; S.6/7 Alexander Khokhlov/Veronica Ershova/catersnews; S.11 Stiftung Warentest/René Reichelt; S.14 Astrid Larsen/ animal.press; S.16 Ksenia Raykova; S.17 o. Jaroslav Vogeltanz/animal.press; S.18 Ksenia Raykova; S.19 Ulrike Schanz/animal press; S.21 Schanz/animal.press; S.22-24 Fortitude Press/barcroftmedia/animal.press; S.25 catersnews; S.28 o. Werner Schmäing/animal.press; S.28 u. Schanz/animal.press; S.30 Espermüller/animal.press; S.31 catersnews/animal.press; S.38/39 Beate Zoellner/animal.press; S.40/41 barcroftmedia/animal.press; S.42 animal.press; S.43/44 Michael Scott/catersnews; S.46 2018 – The Boston Globe; S.50/51 Nadine Prokein; S.52 animal.press; S.54 Fondation Barry CH/animal.press; S.55/57 Espermüller/animal.press; S.61-63 Christian Vieler/catersnews/animal.press; S.64 https://commons.wikimedia.org/wiki/File:Rin_Tin_Tin_1929.JPG; 65 State Archive of Florida; S.66 o. picture alliance /dpa/UIP; S.66 u. Funke Foto Services/SAT.1/Wilschewski; S.67 ©picture-alliance/photoshot; S.68 animal.press; S.69 Gerhard Gronefeld/animal.press; S.70 catersnews/animal.press; S.71 Universität Tokio; S.73 Kathrin Butt; S.74/75 animal.press; S.76 Gerhard Gronefeld/animal.press; S.77 ©Succession Picasso/VG Bild-Kunst, Bonn 2019; S.78/79 Beate Zoellner/animal.press; S.81 Matt Writtle/barcroftmedia/animal.press; S.82 Schanz/animal.press; S.83 Beate Zoellner/animal.press; S.84 catersnews/animal.press; S.90/91 Claudio Piccoli/catersnews/animal.press; S.92 catersnews; S.93 Villager Jim/Mercury Press/catersnews/animal.press; S.98 Jastrow (2006); S.100 https://commons.wikimedia.org/wiki/File:Clarissa_Strozzi,_por_Tiziano.jpg; S.101 www.rarehistoricalphotos.com; S.102 Andrea Klostermann
Adobe Stock: S.8 o. ©juefraphoto; S.8 2. v.o. ©DoraZett; S.8 m. ©Carola Schubbel; S.8 2. v. u. ©DoraZett; S.8 u. ©MilsiArt; S.9 o. ©Fabian Petzold; S.9 u. ©Tim Glass; S.13 ©cynoclub; S.15 l. ©byrdyak; S.15 r. ©adogslifephoto; S.17 u. ©maxjoy; S.20 ©Natalia Chircova; S.26 ©Grigorita Ko; S.29 ©jimcumming88; S.33 o. ©Erik Lam; S.33 u. ©jomkwan7; S.34 ©H. Brauer; S.35 ©tanatat; S.36 ©Dyrefotografi.dk; S.37 ©Bill Anastasiou; S.45 ©adogslifephoto; S.46 o. ©Coprid; S.49 ©Javier brosch, ©suzannmeer, ©everettovrk; S. 53 ©thruer; S.54 o. ©Eric Isselée; S.56 ©Wolfilser; S.57 u. ©Cosmin Manci; S.58 ©benjamas; S.60 ©Michael Ebardt; S. 67 ©bajita111122; S.72 o. ©Dario Lo Presti; S.72 u. ©Константин Бахвалов; S.80 ©elenagrigorieva; S.87 ©Christian Müller, u. ©Harrison; S.89 o. l. ©avanheertum ; S.89 o. r. ©Christian Müller; S.89 m. l. ©beatrix kido; S.89 m. r. ©beatrix kido; S.89 u. l. ©francoisloubser; S.89 u. r. ©Игорь Смирнов; S. 90 ©Geoff Kidd; S.94 ©Javier brosch; S. 94/95/96/97 ©frender; S.95 ©Olga; S.96 ©Javier brosch, S. 103 ©Joy Fera; Hintergründe: ©surakartwork, ©banphote, ©estherpoon

Wunderbare Hundejahre

Anekdoten auf vier Pfoten – eine Hommage an den besten Freund des Menschen

Meine Zeitreise vom Wirtschaftswunder zum Dackelboom

Claus M. Schmidt erkundet die Hundeseele und das Band zwischen Hund und Mensch auf einer persönlichen Zeitreise. Er blickt zurück auf 60 wunderbare Hundejahre und nimmt uns dabei mit in überraschende Welten und versammelt Wissenswertes und Unterhaltsames rund um unsere liebsten Vierbeiner.

152 Seiten, zahlr. farb. Abb.,
Broschur, 14,95 €,
ISBN 978-3-8375-2040-8

9 783837 520408

KLARTEXT